빛의 물리학

EBS 다큐프라임

빛의 물리학

Physics of the Light

EBS 다큐프라임 〈빛의 물리학〉 제작팀 지음
EBS MEDIA 기획 | 홍성욱(서울대 교수) 감수

해나무

감수의 말

빛의 여정, 물리학의 오디세이

홍성욱 서울대학교 교수(과학사)

태초에 빛이 있었다. 역사가 기록되기 전부터 빛은 절대자가 세상을 만들면서 함께 만든 것이라고 간주되었다.

빛은 어디에서 오는 것일까? 고대에는 빛이 물체로부터 눈으로 들어오는 것인지, 아니면 빛이 눈에서 나와서 물체를 비추는 것인지가 논란거리였다. 중세 아랍의 과학자들은 어두운 곳에 있다가 밝은 물체를 볼 때 눈이 아프다는 사실을 제시하면서 빛이 외부에서 눈으로 들어온다고 확신했다. 그렇다면 빛의 근원은 태양이었다.

17세기 과학혁명 시기에는 빛에 대해서 몇 가지 중요한 업적이 이루어졌다. 물에 막대기를 꽂았을 때 막대기가 꺾어진 것처럼 보이는 현상이 굴절이다. 빛은 공기에서 물이나 유리처럼 다른 매질로 들어가면서 굴절되고, 우리 눈에는 빛이 꺾어지는 것처럼 보인다. 빛이 들어가는 각도와 굴절되는 각도 사이에는 특정한 비례 관계가 존재하는데, 이 비례를 관장하는 수학적 법칙에 대해서는 고대부터 여러 이론들이 존재했다. 문제는 이 중 어떤 이론도 굴절을 정확하게 설명하지 못했다는 것인데, 17세기 초반에 네덜란드의 과학자 빌레브로르트

스넬Willebrord Snell과 프랑스의 르네 데카르트René Descartes가 지금 사인법칙이라고 알려진 굴절의 법칙을 제시했다.

이것만큼이나 중요한 성과는 빛의 속도를 측정한 것이었다. 빛이 유한한 속도를 갖는 것인지, 혹은 순간적으로 전달되는 것인지도 오랫동안 논란의 대상이었다. 갈릴레오는 멀리 떨어진 산 위에서 등불을 켰다가 껐다가 하는 일을 반복하면서 빛의 속도를 재려고 했지만 실패했다. 이런 방법으로 측정하기에 빛의 속도는 너무 빨랐다. 여러 차례의 시도 끝에 덴마크의 천문학자 올라우스 뢰메르Olaus Römer는 목성에서 오는 빛을 이용해서 빛의 속도를 쟀다. 뢰메르가 측정한 빛의 속도는 지금 우리가 알고 있는 값의 3분의 2 정도로, 빛이 유한한 속도를 가진다는 사실을 최초로 증명했다.

또 다른 성과는 사람의 시각(vision)과 관련된 것이었다. 물체의 한 점에서 반사되어 사람의 눈으로 들어오는 빛은 한 가닥이 아니라 수많은 가닥일진대, 어떻게 이것이 사람의 눈에서 한 점으로 인식되는가라는 문제가 오랫동안 해결되지 못한 채 남아 있었다. 이 문제를 처음으로 해결한 과학자는 위대한 천문학자 요하네스 케플러Johannes Kepler였다. 케플러에 의하면 동공을 통해 들어간 수많은 빛의 가닥들은 렌즈 역할을 하는 수정체에 의해서 서로 다른 각도로 굴절되어 망막에 하나의 점으로 수렴되었다.

또 다른 어려운 문제는 색깔과 관련되어 있었다. 아리스토텔레스Aristoteles는 물체에 색깔이 존재한다고 보았고, 아이작 뉴턴Issac Newton 이전의 데카르트는 아리스토텔레스를 비판하면서 색깔은 빛이 물체에 부딪힌 뒤에 변형되어 생기는 것이라고 주장했다. 당시 데카르트는 과학과 철학의 권위자였다. 뉴턴은 작은 프리즘을 가지고 스펙트럼을 만드는 실험을 하다가 데카르트의 설명이 스펙트럼의 길쭉한 모양을 설명하지 못한다고 생각했다. 한참 고민을 하다가 뉴턴은 색깔이 없는 백색광 속에 빨주노초파남보 색깔을 가진 단색광들이 혼합되어 있다고 주장했다. 색깔은 물체에 있는 것도 아니고, 빛이 변형된 것도 아니었다. 뉴턴에 의하면 색깔은 빛 속에 있는 것이었다.

자연과 자연의 법칙은 어둠 속에 숨겨져 있었네.
신이 말하길 "뉴턴이 있으라!"
그러자 모든 것이 광명이었으니.

18세기 영국 시인 알렉산더 포프Alexander Pope는 뉴턴에 대한 애도를 담아 이렇게 읊었다. 뉴턴은 중력의 본질을 두 물체 사이의 끌어당기는 힘으로 파악한 만유인력의 법칙으로 유명해졌지만, 빛과 색깔의 문제에 대해서도 혁신적인 이론을 설파했다.

빛의 본질이 무엇인가에 대해서는 몇 가지 경쟁하던 이론이 있었다. 데카르트는 빛을 순간적으로 전파되는 압력이라고 생각했고, 로버트 훅Robert Hooke과 크리스티안 하위헌스Christiaan Huygens는 빛을 파동이라고 보았다. 반면에 뉴턴은 빛을 입자라고 보았다. 빛이 파동이라면 물과 같은 매질 속에서 빛의 속도가 느려져야 했고, 빛이 입자라면 빛 입자와 매질 사이의 힘 때문에 물속에서 빛의 속도가 더 빨라져야 했다. 물속에서의 빛의 속도는 오랫동안 측정되지 못했지만, 결정적인 증거가 없는 상태에서 18세기 내내 뉴턴의 권위에 힘입어서 빛이 입자라는 이론이 득세했다.

19세기가 되면서 빛에 대한 또 한 번의 혁명이 있었다. 영국의 토머스 영Thomas Young과 프랑스의 오귀스탱 장 프레넬Augustin Jean Fresnel은 빛이 입자가 아니라 파동이라고 다시 주장했다. 빛의 파동이론은 빛의 파장이 측정되고, 물속에서 빛의 속도가 공기 중 빛의 속도보다 현저하게 느려진다는 사실이 관측되면서 입자론을 대체했다. 또 이 시기에는 적외선, 자외선처럼 눈에 보이지 않는 빛이 발견되었다. 눈에 보이지 않는 빛이 존재하고 있다는 사실만 해도 충격적이었는데, 19세기 후반이 되면 영국 물리학자 제임스 클러크 맥스웰James Clerk Maxwell이 빛의 속도로 전파되는 전자기파의 존재를 예견했다. 이 전자기파는 하인리히 헤르츠Heinrich Hertz에 의해 실험적으로 검증됐고, 굴리엘모 마르코니Guglielmo Marconi에 의해 상업적으로 이용되기 시작했다. 빛의 스펙트럼은 아주 짧은 파장을 가진 것부터 무한대의 파장을 가진 것까지 확장되었다.

빛에 대해서 거의 모든 것을 알아냈다고 생각했던 이 시점에서 다시 모든 게 바뀌었다. 마이컬슨-몰리 실험을 비롯해서 19세기 동안에 이루어진 몇몇 실험은 에테르(빛이라는 파동을 매개하는 매질)의 효과를 드러내는 데 실패했다. 빛은 파동인데, 매질은 마치 존재하지 않는 것과 다름없었다. 다른 말로 하자면, 빛은 관찰자의 속도와 무관하게 항상 초속 30만 킬로미터라는 일정한 속도를 가진다는 것이었다. 이는 고전 물리학과 근본적으로 모순되는 현상이었다. 이 문제를 고민하던 알베르트 아인슈타인Albert Einstein은 빛의 속도가 항상 일정하다는 공리를 토대로 특수상대성이론을 이끌어냈고, 에테르의 존재를 부정하면서 빛이 파동이 아니라 입자라고 주장했다. 그런데 당시에는 빛의 파동이론이 너무나도 훌륭하게 확증된 이론이어서, 빛이 입자라는 아인슈타인의 새로운 제안은 거의 전적으로 무시되었다.

그렇지만 조금 뒤에 발전한 양자역학은 빛이 파동과 입자의 이중성을 가진다는 새로운 해석을 내놓았다. 심지어 전자와 같은 입자도 파동과 입자의 이중성을 가졌다. 빛은 아인슈타인을 특수상대성이론으로 이끌어주었는데, 그의 일반상대성이론도 태양을 지나는 별빛의 휘어짐으로 입증됐다. 빛에서 시작한 상대성이론과 양자역학은 세계의 미결정성과 확률 해석을 놓고 충돌했고, 이 충돌은 지금까지도 해결이 되지 않은 채로 계속 이어지고 있다. 근본 입자를 끈으로 보는 초끈이론은 이 충돌을 해결해주는 한 가지 가능성을 제시하지만, 10차원 세상과 다중우주처럼 받아들이기 힘든 사실을 함께 던져주고 있다.

『빛의 물리학』은 빛을 좇아 물리학의 역사를 재구성한 기록이다. 여기에서 빛의 본질에 대한 논쟁, 입자론과 파동론, 빛과 색깔, 전자기파, 특수상대성이론, 일반상대성이론, 양자물리학, 초끈이론처럼 물리학의 역사를 이끈 혁명적인 발견과 이론의 역사를 맛볼 수 있을 것이다. 게다가 『빛의 물리학』은 이론이나 실험만을 보여주는 것이 아니라, 이런 발견들을 이루어낸 물리학자들의 의문과 함께 개성이 뚜렷했던 과학자들의 모습을 생생하게 되살린다. 독자들은 빛의 신비를 탐구하는 물리학자들이 던진 질문 속에서 과학이 진정으로 인간적인 탐구 활동임을 발견할 수 있을 것이다.

이제 여러분들이 빛의 경이로움을 새롭게 발견할 차례다. 빛의 여정, 물리학의 오디세이로 당신들을 초대한다.

추천의 말

한 편의 단막극 같은 물리학

이기진 서강대학교 교수(물리학)

이 책은 아인슈타인의 이야기부터 시작한다. 고전물리학과 현대물리학을 구분 짓는 가장 중심에 아인슈타인이 존재하기 때문이다. 고전적 물리학 이론과 현대적 물리학 이론이 혼미한 상태로 뒤엉킨 그 당시 상황에서 그의 등장은 어떤 의미로 우리에게 축복이었다. 그의 이론의 핵심은 빛의 속도는 불변한다는 가정이었다. 이 가정은 그의 천재성처럼 견고하고 정확했다. 그의 존재로 양자물리학을 연구하는 후배 물리학자들은 악전고투하던 많은 문제들을 풀 수 있게 되었다. 또한 후대의 물리학자들은 세상을 완벽히 설명할 수 있는 끈이론까지 발전시킬 수 있었다.

천재는 항상 물리학 역사에서 외롭게 창조적인 연결고리를 만들었다. 그들이 만든 새로운 이론은 당대의 물리학자를 괴롭히기도 했다. 아인슈타인이 완성한 상대론에는 기본적으로 로렌츠 변환공식이 사용되는데, 이 변환공식을 발견한 당사자 로렌츠까지도 아인슈타인의 새로운 생각을 받아들이는 데 주저했다. 하지만 이런 문제는 아주 작고 무의미한 것이다. 물리학의 많은 이론은 빠르면 한 세대 이후의 물리학자들에게 받아들여졌고 더 많은 시간이 걸리기도 했다. 물리학에서 새롭고 창의적인 참된 생각은 천천히 침투해간다. 그것을 창조한 세대들에게는 그 시대가 받아들이기에는 너무 앞선 것들도 있었지만 유연한 생각을 가진 젊은 물리학자들은 그것을 정확히 알아차리고 발전시켜나갔다. 이런 교과서에서 볼 수 없는 드라마 같은 이야기를 나는 이 책을 통해 흥미롭게 접할 수 있었다.

대학에 오면 일반물리학을 일 년 동안 배운다. 운동에 대한 뉴턴 역학을 배우고 전기와 자기에 대해 배우고 원자 구조와 양자역학에 대해 순차적으로 배우게 된다. 이런 물리학의 배움은 무엇을 알기 위해서일까? 우리가 사는 세상을 과학적으로 설명하는 방법을 찾는 과정이 아닐까? 그 과정의 핵심에 '빛'의 문제가 있다. 빛이란 무엇일까를 찾아왔던 여정이 물리학을 완성해가는 과정이란 생각이 든다. 빛에 대해 우리가 다 알게 된다면 이 세상을 설명하는 처음과 끝을 다 알 수 있고 학문적으로 단 하나의 법칙을 찾을 수 있을 것이다.

가끔 학생들에게 수학을 이용해 물리학을 가르치다 보면 학생들이 왜 자신들이 이토록 어려운 물리학을 배워야 하는지 호소하는 경우가 있다. 그럴 때면 내가 드라마 작가처럼 물리학자들의 드라마틱한 고독, 경쟁, 우정, 갈등, 신사도,

고집, 유머, 사랑, 비극, 배신, 환희를 쉽고 재미나게 이야기 해줄 수 있다면 하는 생각을 많이 했다. 사실 물리학의 재미는 수학 공식 속에도 있지만 이 책에서처럼 소설 같은 물리학, 추리소설 같은 물리학, 드라마 같은 물리학, 단막극 같은 물리학, 인간극장이나 다큐멘터리를 보는 것 같은 물리학 속에 더 있지 않나 하는 생각이 든다.

머리말

빛에 매혹된 과학자들의 발자취를 따라가다

EBS 다큐프라임 〈빛의 물리학〉 제작팀

우리는 왜 지금 여기 있는가?

우리를 둘러싼 공간은 어떻게 시작되었나?

세상은 무엇으로 이루어져 있는가?

예부터 선현들을 꽤나 괴롭혔을 법한 이러한 질문들이 EBS 다큐프라임 〈빛의 물리학〉의 시작이었다. 철학적인 질문이 물리학과 무슨 관련이 있을까? 학문이 분화되기 전까지 물리학은 철학의 영역이었다. 그리스 철학자 아리스토텔레스는 논리학, 수사학, 윤리학뿐 아니라 물리학, 생물학, 동물학에 이르기까지 방대한 주제로 저서를 남겼다. 지금의 과학은 고대로부터 내려온 지적 탐구의 산물이다.

열일곱 살 아인슈타인의 머릿속은 빛으로 가득했다. 빛의 속도로 달리면 빛은 어떻게 보일까? 거울을 들고 빛보다 빨리 달리면 거울 속 나는 어떻게 보일까? 소년의 질문은 10년 뒤 시공간에 대한 인류의 이해를 바꿀 혁명적 논문의 초석이 된다.

우리가 알고 있는 역사 속의 위대한 과학자들은 이와 같이 운명처럼 빛에 빠져들었다. 갈릴레오는 빛의 속도를 재려고 등불을 들고 산에 올랐고, 뉴턴은 태양 빛의 정체를 밝히려다 시력을 잃을 뻔했다. 아인슈타인의 상대성이론은 빛에 대한 호기심에서 출발해 별빛으로 증명됐다. 빛을 불연속적인 형태로 바라보는 시각에서 출발한 양자론도 빛의 물리학이다.

우리 제작진이 130여 일 동안 영국, 스위스, 독일, 벨기에 등 총 11개국의 과학사 속 주요 현장을 직접 찾아간 것은 사실감을 높이고 싶어서였다. 갈릴레오가 종교재판을 받기 위해 기다리던 로마의 한 건물, 만유인력의 탄생지 뉴턴의 울즈소프 생가, 아인슈타인을 있게 한 베른의 옛 특허국, 나이 든 아인슈타인의 꿈이 남아 있는 프린스턴고등연구소, 양자역학의 산실인 코펜하겐 닐스보어연구소까지, 과학자들의 숨결이 아직도 남아 있는 듯한 그곳들은 위대한 발견이 지닌 무게감을 더 확연하게 느낄 수 있게 해주었다. 독자들에게도 잘 전달되었으면 하는 바람이다.

또 우리는 물리학 역사의 대혁명 시기인 20세기 초의 유럽 사회를 가능한 한 완벽하게 재연해내고자 애썼는데, 이는 당시 과학자들의 삶과 시대적 배경을 먼저 이해해야만 왜 그런 이론들이 탄생했는지, 인류에게 어떤 영향을 가져왔는지 제대로 알 수 있을 것이라는 믿음 때문이었다.

이 책은 EBS 다큐프라임 〈빛의 물리학〉의 방송 내용을 기본으로 하고 있다. 물리학의 역할은 과학기술의 발전에만 머무르지 않는다. 우리에게 세상이 어떻게 돌아가는지 이해할 수 있는 눈을 갖게 해준다. 아인슈타인의 상대성이론은 시공간에 대한 인류의 인식을 새롭게 했고, 양자역학은 우주가 상식 밖의 법칙들로 가득하다는 것을 보여주었다. 물리학을 안다는 것은 우리를 둘러싼 공간이 어떻게 시작되었고, 우리가 무엇으로 이루어졌는가를 안다는 것이다. 『빛의 물리학』이 누구나 물리학을 즐길 수 있는 문화가 형성되는 데 작은 계기가 되었으면 한다.

차례

Physics
of the
Light

1

빛과 시간,
특수상대성이론

intro

모든 것의 시작에 빛이 있었다.
빛은 종교, 지혜, 감성, 문명이었다.
빛을 찾은 선구자들은 우리에게 과학의 시대를 열어주었다.
먼 곳을 보게 하고, 더 넓은 곳으로 우리를 이끌었다.

우리는 궁극적인 것의 처음과 끝을 찾고 있다.
이것은 우주가 어떻게 태어났는가를 이야기하고
세상이 무엇으로 이루어졌는가를 가르쳐준다.
그것은 때때로 우리를 기이한 세계로 이끌기도 한다.
순간에서 영원까지 우리를 이끄는 것.
이것은 빛에 관한 이야기다.

"절대운동은 존재하지 않는다."
– 알베르트 아인슈타인

Episode 01

광활한 우주에 떠 있는 우주선. 그곳에는 오래전 우주 비행에 나선 한 여자가 몸을 싣고 있다. 우주선 안의 거울 옆에는 여자가 쌍둥이 동생과 함께 찍은 어린 시절 사진이 붙어 있다. 여자는 우유를 마시며 쌍둥이 동생의 사진을 지그시 바라보았다. 한때 여자는 우유를 마시면서도 아이스크림을 먹는 쌍둥이 동생의 기분을 알 수 있었다. 두 사람은 오랜 기간 같은 공간에서 같은 시간을 보냈기 때문이다. 여자는 모니터를 통해 동영상 메시지를 확인한다. 어느덧 할머니가 된 여동생의 얼굴이 모니터에 나타난다.

"생일 축하해, 언니. 우리 또 한 살 먹었다. 나 많이 늙었지. 머리도 세고. 바람 참 좋다. 얼마 전에 새로 집을 지어서 시골로 내려왔어. 뒤에 보여? 앞에 강도 있고 좋은데. 미역국 먹었어? 다시 한 번 생일 축하해, 언니."
여자가 모니터의 단추를 누르자, 모니터 화면 이미지가 사진으로 출력된다. 나이 든 쌍둥이 여동생의 얼굴이 찍혀 있다. 여자는 폴라로이드로 셀카를 찍어 자신의 사진을 여동생 사진과 함께 거울 옆에 붙인다. 다른 공간에서 이해할 수 없는 시간이 흘렀다.

"Imagination is more important than knowledge."

- Albert Einstein

시간과 공간에 대한 인류의 시각을
송두리째 뒤바꾼 과학자,
알베르트 아인슈타인.

누구나 스스로에게 중요한 질문을 던질 때가 있다. 나는 누굴까? 저 우주는 이 세상과 얼마나 다를까? 오랫동안 종교와 철학은 크기를 그릴 수 없을 만큼 큰 세계와 짐작도 할 수 없을 만큼 작은 세계를 놓고 고민해왔다. 뒤이어 과학도 그 문제에 대답을 제시했다. 과학이 내놓은 답은 상대성이론과 양자역학이었다. 이 두 개의 물리법칙에 영감을 불어넣은 것은 바로 빛이다.

우리의 이야기는 기차역에서 시작한다. 1902년 취리히, 한 젊은이가 베른행 기차에 오른다.

사실 이때만 해도 이 젊은이를 눈여겨본 사람은 아무도 없었다. 20세기 초는 패션도, 소문도 지금보다 훨씬 느린 시대였고, 기차는 당시로선 가장 빠른 이동수단이었다. 기차에는 가지각색 희망과 절망, 욕망이 일렁거렸다. 부자와 가난뱅이와 기회주의자가 혼재한 흔하디 흔한 시대였다. 많은 젊은이들이 일자리를 구하러 이 도시 저 도시를 찾아다녔고, 어떤 젊은이들은 미련과 회한이 뒤섞인 감정을 느끼며 도시를 떠났다. 먹고 사는 것은 사람에게 가장 중요하고도 절박한 문제였다. 한 청년만이 이 소란과 아무런 상관없이 사색에 잠겨 있었다. 이 청년의 이름은 알베르트 아인슈타인Albert Einstein, 1879~1955이다. 그의 머릿속엔 한 가지 생각뿐이었다. '내가 빛과 같은 속도로 빛을 따라간다면 어떻게 될까?' 고등학생이었을 무렵에 떠올랐던 이 상상은 어른이 되어서도 줄곧 아인슈타인을 따라다녔다. '내가 굉장히 빠른 속력으로 내 옆을 지나가는 빛을 보면서 날아간다면 어떤 현상이 일어날까? 그때 거울을 본다면 거울에는 내 얼굴이 보일까? 아니 거울에는 빛이 도착하지 않았을 테니 내 얼굴이 안 보일까? 혹시 먼 과거가 보일까?' 이 질문들은 바로 우리가 알게 되는 위대한 과학자 아인슈타인을 만들었다.

아인슈타인이 베른에 도착했을 때는, 대학을 졸업하고 1년을 실직자로 보낸 뒤였다. 그는 임시직이었지만 새로운 직장을 얻는다는 사실에 기대가 아주 컸다.

아인슈타인의 첫 직장인 스위스 베른의 특허국은 집에서 걸어가면 10분 정도 걸리는 곳에 있었다. 아인슈타인은 그곳에서 만 7년을 일했다. 하루 8시간씩 근무했으며, 주된 업무는 각종 특허신청서를 평가하는 일이었다. 특허법을 알고 기술적인 명세서도 읽을 줄 알아야 했다. 특허국 기술 전문 제3급 사무관. 물리학을 전공한 그에게는 쉬운 일이었다. 무엇보다 좋은 건 물리학을 놓지 않아도 된다는 것이었다. 아인슈타인은 시간이 빌 때마다 틈틈이 물리학 논문을 들여다보았다. 비록 학교에서 떠나 있었지만 물리학계 흐름이나 최대 이슈 같은 것을 놓치지 않고 있었다. 이 아마추어 과학자는 일하다가 아이디어가 떠오르면 맨 윗 서랍에 놓아두곤 했다.

아인슈타인이 살았던 스위스 취리히의 두 번째 집. 아인슈타인은 자신을 위한 어떤 기념 장소도 만들지 말라고 유언했는데, 이 집만큼은 남게 되었다. 여기서 신혼을 보냈고, 아이도 낳았다. 비록 무명의 과학자였지만 일생에서 가장 평온했던 시기를 이곳에서 보냈다.

이 아이디어를 모아서 26살 때까지 5개의 논문을 썼다. 이들 중 적어도 3개는 모두 노벨상을 받을 만큼 위대한 논문이었다. 이 중에는 논문 「움직이는 물체의 전기동역학에 대하여」(1905)도 있었다. 우리가 한 번쯤은 들어보았을 법한 '특수상대성이론'을 다룬 것이 이 논문이다.

갈릴레오 갈릴레이의 상대성 원리

아인슈타인의 특수상대성이론에서 다룬 '상대성'을 이해하려고 한다면 시대를 더 거슬러올라가 한 명의 과학자를 만나야 한다. 그는 1633년 6월 교황청 앞마당에 구름처럼 몰려든 군중 앞에서 코페르니쿠스Copernicus, 1473~1543의 주장에 동조했는지에 대해 심문받은, 저 유명한 과학자 갈릴레오 갈릴레이Galileo Galilei, 1564~1642다. 갈릴레오는 이단이라는 무서운 죄목으로 기소되었고 교황청 검사의 심문을 받았다. 그때 나이가 일흔 살이었다. 갈릴레오는 삶과 죽음, 거짓과 진실을 선택해야 했다. 극단적인 상황까지 가게 된 건 갈릴레오가 쓴 책 『두 체계에 관한 대화』 때문이었다. 책 내용은 로마 교황청의 심기를 건드렸다. 여기서 두 체계란 지동설과 천동설을 말한다.

갈릴레오는 대화 형식을 사용해서 이 책을 썼다. 가톨릭

이탈리아 과학자 갈릴레오 갈릴레이.

갈릴레오의 『두 체계에 관한 대화』 표지.

교회의 박해를 피하기 위해서였다. 책 표지엔 지동설과 천동설을 대표하는 인물들을 넣었다. 오른쪽은 코페르니쿠스이고 가운데는 프톨레마이오스Ptolemaeos, ?83~?168, 맨 왼쪽은 아리스토텔레스Aristoteles, B.C. 384~B.C. 322이다. 코페르니쿠스는 태양을 중심으로 지구가 돈다는 지동설 모형을 들고 있다. 프톨레마이오스는 지구는 우주의 중심으로 결코 움직일 리가 없다는 천동설을 주장했다. 이 책에서 프톨레마이오스는 태양이 우주의 중심이고 지구가 태양의 둘레를 일주 운동하며 돌고 있다는 코페르니쿠스의 주장에 이렇게 반박했다. "땅이 움직이면 나뭇가지가 흔들리고 지붕은 날아다닌다. 사람

갈릴레오의 『두 체계에 관한 대화』에서 프톨레마이오스는 다음과 같은 논리로 지동설을 반박했다. "땅이 움직이면 나뭇가지가 흔들리고 지붕은 날아다닌다. 사람이 제자리에서 뛰면 그 사이 땅이 움직이니 저만치 날아가서 떨어질 것이다. 그러니 지동설이 틀렸다."

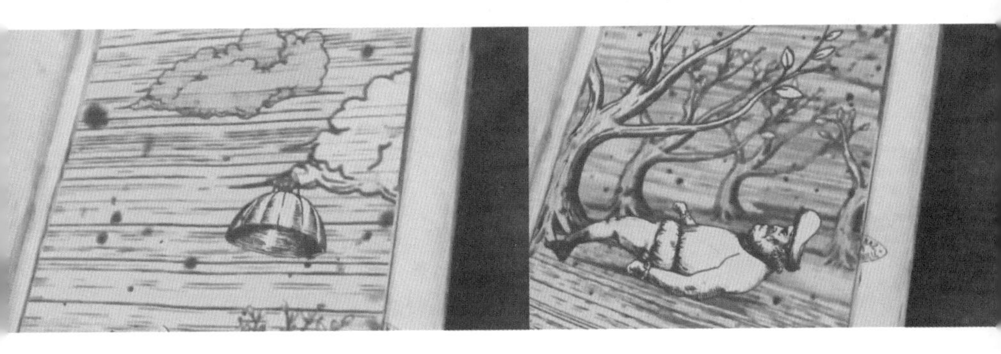

이 제자리에서 뛰면 그 사이 땅이 움직이니 저 만치 날아가서 떨어질 것이다. 그러니 지동설이 틀렸다." 아리스토텔레스도 천동설을 주장했다. 이 두 명의 학자, 즉 프톨레마이오스와 아리스토텔레스의 생각은 아주 오랫동안 서양의 우주관을 지배하고 있었다.

당시 신학자들은 코페르니쿠스의 견해를 지지하는 갈릴레오를 도저히 이해할 수가 없었다. 어떻게 태양이 우주의 중심이고 지구가 태양의 주위를 일주 운동하며 돌고 있다는 것인가! 신학자들은 갈릴레오의 주장에 다음과 같은 식으로 반박했다.

손에 든 공을 아래로 떨어뜨린다고 해보자. 만약 지구가 움직이고 있다면 아래로 떨어뜨린 공은 발 앞에 떨어질 수가 없다. 지구가 움직이고 있으니 그 옆에 떨어져야 한다. 지구가 동쪽으로 움직이고 있으니 공은 서쪽으로 떨어져야 하는 것이다. 또 우리 주위의 모든 사물들도 지구가 움직이는 반대 방향으로 날아가야 한다. 그런데 그런 일은 일어나지 않지 않는가! 그러니 지구가 돌고 있지 않은 것이다.

신학자들의 주장은 꽤 그럴 듯해 보인다. 갈릴레오는 이들에게 어떻게 반박했을까? 갈릴레오는 지동설을 반대하는 이들에게 커다란 배를 예로 들었다. 실험 결과가 아주 쉽게 파악되도록 밀폐된 공간이 있다고 가정했다. 커다란 배 갑판 아래의 큰 선실이 그곳이다.

갈릴레오의 논리를 따라가보면 이렇다. 배의 갑판 아래 선실로 들어가 문을 닫아보자. 그곳에는 파리와 나비들이 날아다니고 물고기들도 있고, 아래로 한 방울씩 떨어지는 술통의 와인도 있다. 선실 한 곳에 서서 제자리에서 위로 뛰면 어떻게 될까? 배가 멈춰 있다면 당연히 제자리에서 뛴다고 해도 같은 자리로 떨어진다. 갑자기 배가 움직이면 어떨까? 배가 처음 움직일 때는 모두 기우뚱하지만 이내 원래 모습으로 돌아온다. 어느 정도의 속력에 도달했을 때 주위를 한번 둘러보면, 배가 움직이고 있다고 하더라도 선실 안 풍경은 배의 갑판 아래 선실엔 나비가 날아다니고, 어항 속에는 물고기가 있으며, 술통에서는 한 방울씩 와인이 떨어지고 있다.

배가 움직이고 있을 때 제자리에서 위로 뛰면 어떻게 될까?

선실 안 풍경은 변함이 없다. 제자리에서 뛰어도 옆으로 떨어지지 않고 제자리에 떨어진다.

갈릴레오의 『두 체계에 관한 대화』는 무려 1835년까지 가톨릭교계에서 금서로 분류되었다. 초판은 아주 희귀해서 소중하게 다뤄진다.

변함이 없다. 물고기와 나비도 그대로이고, 와인 방울도 그대로 아래로 떨어진다. 제자리에서 뛰어도, 옆으로 떨어지지 않고 제자리에 떨어진다. 설령 배가 시속 1000km로 가고 있더라도 말이다. 배 안에서는 배가 움직이는지 서 있는지 알 수 없다. 갈릴레오는 이렇게 반박한다. "이는 땅에서도 마찬가지 아니겠는가?"

아주 오래전에 갈릴레오가 설명한 내용이지만, 이 이야기는 생각하면 생각할수록 이상한 기분이 들게 만든다. 별도 은하도 행성도 없는 완전한 암흑 속에 내가 있다고 해보자. 보이는 것이 없으니 기준점을 잡을 수 없고, 그래서 나는 갈릴레오의 배 안에서처럼 내가 움직이는지 정지해 있는지 알 수가 없다. 이때 멀리서 어떤 불빛이 다가온다. 자세히 보니 우주선이다. 우주선에는 여자가 타고 있다. 여자가 다가오자 나는 내가 멈춰 있다는 것을 알게 된다. 반면 우주선의 창밖을 바라보던 여자는 자신은 멈춰 있고 '어떤 우주인'이 다가

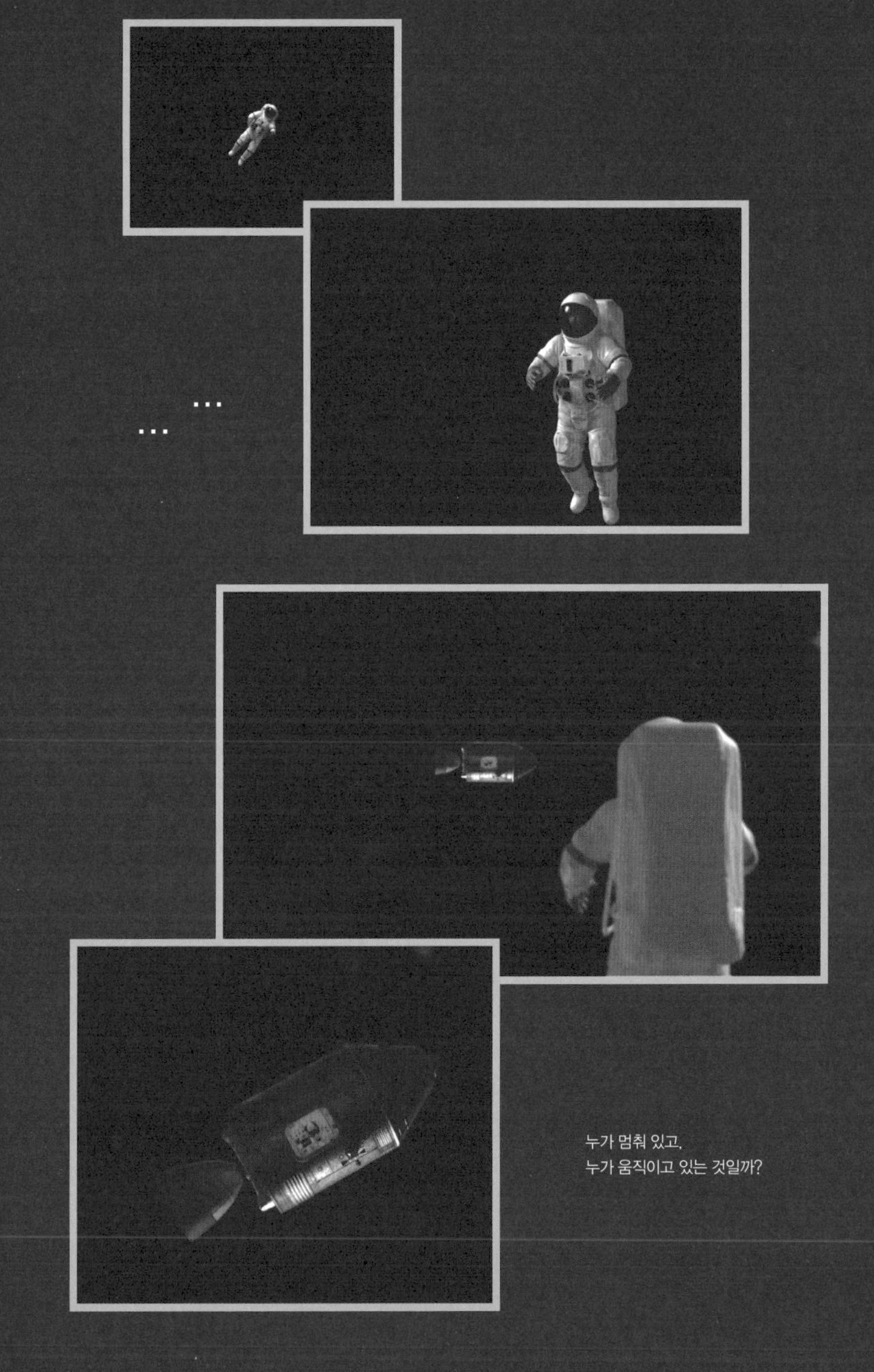
...
...
누가 멈춰 있고,
누가 움직이고 있는 것일까?

오고 있다고 생각한다. 여자는 우주인이 다가온다고 생각하고, 나는 여자가 다가온다고 생각한다. 누가 멈춰 있고, 누가 움직이고 있는 것일까? 누가 옳고 누가 그른 것일까?

둘 다 옳다. 절대적인 기준이 없기 때문이다. 우리가 아는 건 서로 스쳐 지나간다는 사실뿐이다. 공을 떨어뜨리는 것만으로는 우리는 서 있는지 움직이는지 알 수 없다. 같은 속도로 움직이는 것들의 속도는 상대적이다.

한 남자가 오토바이를 타고 등속으로 시속 100킬로미터를 달리고 있다고 하자. 사실 시속 100킬로미터는 정지하고 있는 사람이 본 속도이다. 등속으로 시속 50킬로미터로 달리는 자동차 운전자가 보았을 때 남자가 탄 오토바이의 속도는 시속 50킬로미터일 것이다. 달리는 오토바이는 하나인데 보는 사람에 따라 속도가 달라진다. 이처럼 움직이는 물체의 속도는 절대적인 것이 아니라 상대적인 것이다. 보는 사람에 따라 달라진다. 후대 사람들은 여기에 상대성 원리라는 이름을 붙였다. 상대가 있을 때에만 내 움직임이 정해진다. 아무런 힘을 받지 않고 같은 속도로 움직일 때 나를 규정하는 건 상대의 움직임이다. 이것이 갈릴레오의 상대성 원리다. 이 상대성 원리는 우리의 경험으로 얻을 수 있는 평범한 사실이다. 갈릴레오 이후로 과학자들은 누구도 의심하지 않았다.

그의 상대성 원리는 우주를 지배하는 물리법칙으로 군림

하다가 20세기 초, 아인슈타인이라는 한 아마추어 과학자를 만나게 되었다.

이제 아인슈타인의 의문을 따라가볼 때다. 아인슈타인은 베른에서 마음 맞는 친구들과 함께 모임을 가지곤 했다. 이 모임에는 올림피아 아카데미라는 이름도 있었다. 친구들과 가장 행복한 시절을 보낸 이 모임의 정체는 사실 독서 토론 클럽이었다. 철학자 스피노자Spinoza, 1632~1677의 책도 읽었고, 수학자 푸앵카레Poincaré, 1854~1912의 책도 읽었다. 당대의 핫 이슈, 전기와 자기의 상호관계를 다루는 전자기학은 단골 토론 소재였다. 열일곱 살 아인슈타인이 그토록 궁금해하던 의문도 전자기학에서 나온 것이다. 그의 의문을 따라가기 앞서 우리는 먼저 빛의 속도와 빛의 성질을 알아야 한다.

입자와 파동, 그리고 에테르

1676년 덴마크의 올라우스 뢰메르Olaus Römer, 1644~1710는 빛의 속도를 측정했다. 아주 기발한 방법이었다. 뢰메르는 목성을 관찰하다가 빛의 속도를 잴 수 있는 방법을 발견했다. 태양, 지구, 목성, 목성의 위성, 그리고 지구 공전 궤도의 지름이 열쇠다. 목성의 위성은 지구의 달처럼 목성 주위를 돈다. 목성의 뒤쪽으로 가면 지구에서는 위성이 보이지 않는다. 목성의 앞쪽으로 오면 다시 나타난다. 뢰메르는 위성이 나타나는 시각이 다르다는 것을 알아챘다. 그것은 지구의 공전 때문이다. 지구가 목성과 멀리 있을 때는 목성의 위성이 더 늦게 나타났다. 빛이 오는 거리가 길었기 때문이다. 뢰메르는 위성이 나타난 시간과 지구 공전 궤도의 지름을 비교하면 빛의 속도를 잴 수 있다고 생각했다. 뢰메르가 측정한 빛의 속도는 초속 22만 킬로미터였다. 실제 빛의 속도는 초속 299,792킬로미터이다. 차이가 많이 나지만 이는 그의 잘못이 아니다. 그가 살던 시절에는 지구 공전 궤도의 지름을 정확히 알지 못했기 때문이다.

그러나 이렇게 빛의 속도를 알게 되었지만, 빛이 어떤 모습으로 우리에게 전달되는지에 대해서는 베일에 싸여 있었다. 과학자들은 빛이 어떤 모습으로 다가오는 것인지를 알아야 했다. 그때까지만 해도 빛은 알갱이, 즉 입자로 전해질 것이

©wikipedia

집에 천체 관측기구를
설치해 빛을 연구한
올라우스 뢰메르.

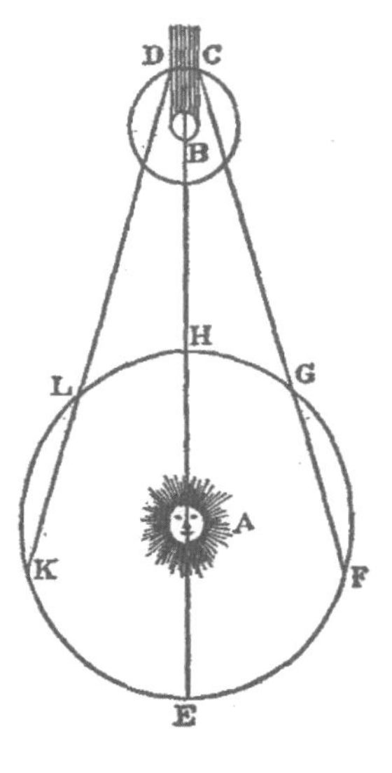

빛의 속도를 측정한 뢰메르의 실험.
지구가 목성을 향해 다가갈 때(F에서 G로)와
지구가 목성에서 멀어질 때(L에서 K로)
목성(B)의 위성 이오가 나타나는 시각,
그리고 지구 공전 궤도의 지름을 토대로
뢰메르는 빛의 속도를 쟀다.

라고 생각했다. 위대한 과학자 뉴턴이 이런 주장을 폈다. 그러나 그것을 정면으로 반박하는 주장도 있었다. 바로 빛이 파도와 같은 파동이라는 주장이었다. 파동은 한마디로 진동이 퍼져나가는 현상이다. 소리도 공기가 진동해 우리 귀의 고막을 다시 진동시키는 파동이다. 공기가 파동을 전달하면 우리 고막의 달팽이관이 파동을 다시 받아 뇌에 떨림을 전한다. 그것이 소리다. 지진 역시 파동의 한 종류이다.

파도나 소리, 지진처럼 빛이 파동이냐, 아니면 입자이냐를 밝히는 것은 어려운 일이었다. 아무리 빠른 속력으로 빛을 쫓아가도 초속 30만 킬로미터를 움직이는 빛의 실체를 볼 수 없었기 때문이다. 대신 과학자들은 혁명적인 방법을 사용해서 빛의 성질을 밝혀냈다.

토머스 영Thomas young, 1773~1829의 이중슬릿 실험은 물리학사상 가장 중요한 실험 중 하나다. 이 실험은 빛이 무엇으로 이루어졌는가를 밝힌 인류 최초의 실험이었다. 실험을 단순화시켜 설명하자면 이렇다.

눈앞에 다 쓴 필름이 있다고 하자. 이 필름에 두 개의 가는 구멍을 뚫은 다음 이 구멍에 빛을 투과시킨다. 만약 빛이 입자라면 반대편에 2개의 줄이 나타날 것이고, 빛이 파동이라면 여러 개의 줄이 나타날 것이다. 그래서 빛을 쏘아보았더니, 반대편에 여러 개의 줄이 생겼다. 이는 빛이 파동이라는

필름에 두 개의 구멍을 뚫고 빛을 투과하면
반대편에 여러 개의 줄이 나타났다.
이는 빛이 파동의 성질을 갖는다는 것을 말해준다.

움직일 수 없는 증거였다. 빛이 입자일 것이라는 뉴턴의 주장이 흔들리는 순간이었다. 이처럼 우리 앞에 정체를 드러낸 빛의 모습은, 빛이 파도처럼 파동의 성질을 띤다는 것을 보여주었다. 이 실험은 빛의 정체를 밝힌 실험이었지만, 오히려 과학자들을 미궁으로 빠뜨리는 결과를 가져왔다. 빛이 어떻게 우리에게 도달하는지 알 수 없었기 때문이다.

과연 에테르가 있을까?

우주에는 물이 없다. 그래서 파도가 칠 수 없다. 우주에는 공기가 없다. 그래서 소리가 전해지지 않는다. 그러나 빛은 전해진다. 빛이 전해졌기 때문에 우리는 별을 바라볼 수 있는 것이다. 빛이 파동이라면 빛의 파동을 매개하는 것은 무

아인슈타인과
그의 첫 번째 아내 밀레바 마리치.

젊은 시절의 아인슈타인.
이 사진을 찍은 지 5년 후
특수상대성이론을 세상에 발표했다.

엇일까? 빛의 진동을 전하는 물질은 무엇일까?

아인슈타인이 살았던 당대의 과학자들은 빛을 전달하는 물질을 찾아내는 데 고심했다. 아직 우주로 나아갈 수 없었던 100년 전, 과학자들은 이 가상의 물질에 에테르라는 이름을 붙였다. 빛이 파동이라는 사실을 접한 과학계는 이 에테르라는 물질이 무엇인지를 밝히는 것을 화두로 삼았다.

그 무렵 아인슈타인은 힘든 나날을 보내고 있었다. 아버지가 53세를 일기로 돌아가셨고, 가난 때문에 첫째 딸을 다른 가정으로 입양을 보내야 했다. 그 와중에 아인슈타인은 오직 빛에만 관심을 기울였다. 그러나 당대의 과학자들이 에테르에 집착했다면, 아인슈타인은 에테르가 아니라 다른 것에 관심을 두고 있었다. 그는 누구도 생각해보지 않았던 빛의 이상한 속성에 몰두했다. 아인슈타인은 곧 두려움을 느꼈다. 그것은 300년간 물리학의 진실로 여겨졌던 원리와 정면으로 부딪히는 것이었기 때문이다. 그것은 상대성과 관련된 것이었다. 마이컬슨-몰리의 실험은 아인슈타인의 생각을 더욱 부추겼다.

1887년 에이브러햄 마이컬슨Abraham Michelson, 1852~1931과 에드워드 몰리Edward Morley, 1838~1923라는 두 명의 과학자는 미국 오하이오 주의 케이스웨스턴 리저브 대학에서 실험을 진행했다. 결론부터 말하자면 실험은 실패했다. 원했던 결과가

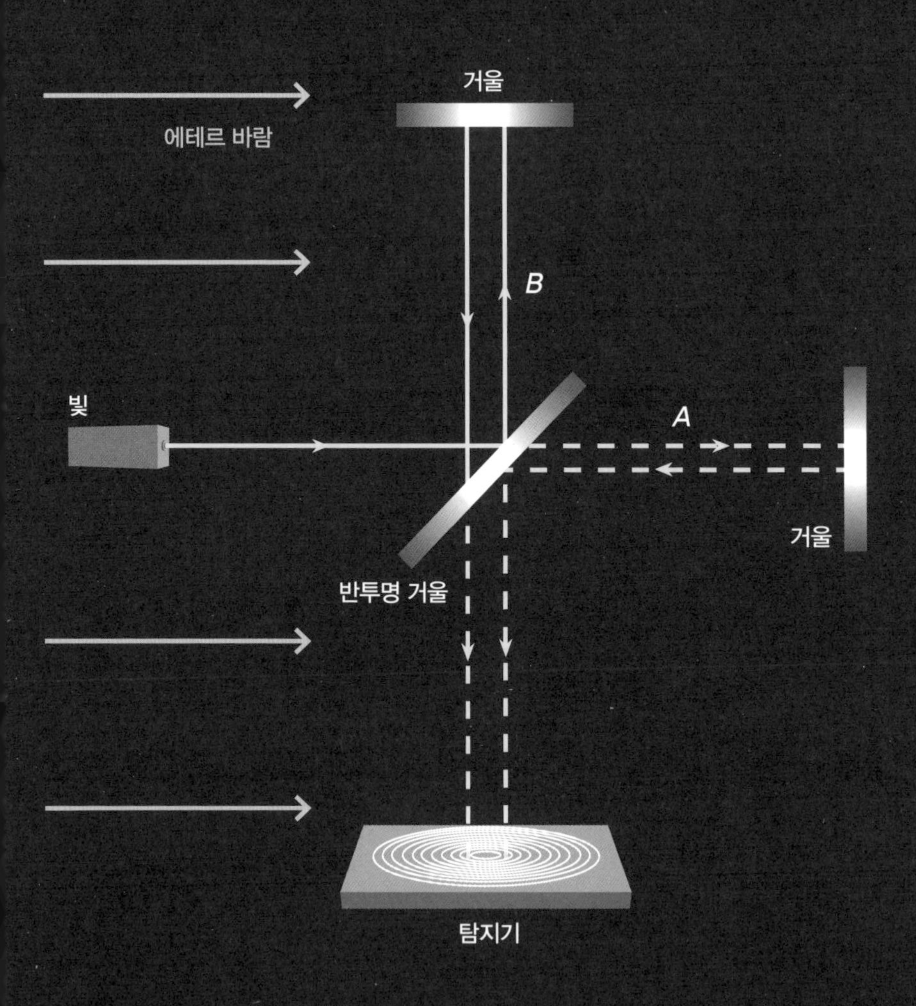

마이컬슨 – 몰리 실험.
마이컬슨과 몰리는 두 개의 빛(A와 B) 가운데 하나가 늦게 도착할 것이라 예측했지만, 두 개의 빛은 항상 똑같이 탐지기에 도달했다.

나오지 않았던 것이다. 그런데 이 실험은 마이컬슨과 몰리에게 노벨상을 가져다주었다. 미국 최초의 노벨 물리학상이었다. 이 실험은 과학사상 '가장 위대한 실패'라고 불리는 실험이다.

마이컬슨과 몰리뿐 아니라 두 사람이 살았던 시대에 과학자들은 우주가 에테르라는 물질로 가득 차 있을 것이라고 믿었다. 마이컬슨과 몰리가 알고 싶었던 것도 바로 에테르였다. 두 과학자는 지구에서 에테르를 관측하는 방법을 고안했다. 마이컬슨과 몰리는 빛이 두 개의 빛으로 분리될 수 있게 반투명 거울을 비스듬히 세워놓았다. 빛이 반투명 거울을 통과하면 직진하는 빛과 직각으로 반사되는 빛으로 나뉘어진다. 그리고 그들은 광원과 반투명 거울과 일직선이 되는 쪽에 거울 1개, 광원과 반투명 거울과 직각을 이루는 쪽에 거울 1개를 놓았다. 그들은 만약 에테르가 있다면 둘 중의 하나의 빛은 에테르 바람에 맞아 늦게 도달할 것이라고 예측했다. 그러나 결과는 마이컬슨과 몰리의 예상을 보기 좋게 깨버렸다. 언제 빛을 쏘더라도 빛은 항상 함께 도달했던 것이다. 계절이 바뀌고 지구의 공전 속도가 바뀌어도 결과는 같았다. 마이컬슨과 몰리의 실험은 에테르가 무엇인지를 알아내는 데 실패한 실험이지만, 다른 사실을 알게 해주었다. 빛은 어떤 운동 상태에서 관찰하든 늘 그 속도가 같다는 사실이다. 심지어 빛을 보는 내가 뒤로 걸어가도 그 속도가 같다. 누가, 어떤 운동 상태에서 보든 빛은 그 속도가 초속 30만 킬로미터로 똑같다.

빛의 속도가 변하지 않는다는 증거는 많다. 그중의 하나가 GPS이다. GPS는 인공위성에서 나온 빛으로 우리의 위치를 측정한다. 위성에서 나온 빛의 속도는 항상 일정해야 하는데, 만약 일정하지 않다면 오차가 100미터까지 날 수 있기 때문이다. 그러나 위성이 오토바이와 같은 방향으로 이동하든, 반대 방향으로 이동하든 빛의 속도는 언제나 약 초속 30만 킬로미터로 같다.

과학은 우주를 움직이는 원리를 찾고 싶어하는 학문이다. 그 원리가 두 개이고 그것들이 서로 충돌할 때는 둘 중 하나가 틀린 것이다. 그리고 모두를 아우를 수 있는 새로운 원리를 찾아야 한다.

달리고 있는 마차의 속도는 서 있는 사람과 걸어가는 사람이 보았을 때 각각 다를 수밖에 없다. 그것은 의심할 수 없는 진실이다. 그러나 빛은 다르다. 빛은 내가 어떤 속도로 움직이더라도 항상 같은 속도로 다가온다. 이것은 실험으로 증명된 사실이었다.

아인슈타인은 속도 그 자체에 대해 고민했다. 왜 빛의 속도는 상대적이지 않을까? 속력은 이동한 거리를 시간으로 나

빛은 전자기파다.
빛의 움직임은 파도의 움직임을 닮았다.

누는 것이다. 거리는 변할 수 없다. 시간도 절대적이다. 그러면 무엇이 문제일까?

빛과 진동

우리가 빛과 같은 속도로 쫓아가서 빛을 본다면 어떻게 될까? 그때 빛 속도는 상대적으로 0에 가까워져야 한다. 그런데 빛은 좀 이상하다. 빛이 앞으로 가는 모습은 우리가 아는 어떤 움직임, 그러니까 파도의 움직임과 닮았다. 혹시 여기에서 답을 찾을 수 있지 않을까?

파도는 어떻게 오는 것일까? 하나의 줄을 잡고 흔들면 파동이 생긴다. 줄이 이동하는 게 아니라 진동이 이동한다. 이 진동이 에너지를 전한다. 파도도 줄처럼 물이 이동하는 게 아니라 진동이 이동하는 것이다. 바람의 속도를 체크하면서 파도를 향해 달려가는 서퍼(surfer)가 날마다 기다리는 건 사실 물이 아니라 진동이다. 파도를 타는 건 진동과 함께 나아가는 것이다. 이것은 정지된 진동의 모습을 볼 수 있다는 얘기다. 그러면 빛은 파동의 성격을 지니고 있으므로, 우리가 빛 속도로 가면 빛의 정지된 모습을 볼 수 있어야 할 것이다.

'내가 빛 속도로 가서 빛을 본다면 어떻게 될까?' 이 질문은 어린 시절 아인슈타인의 일면을 짐작하게 한다. 공부를

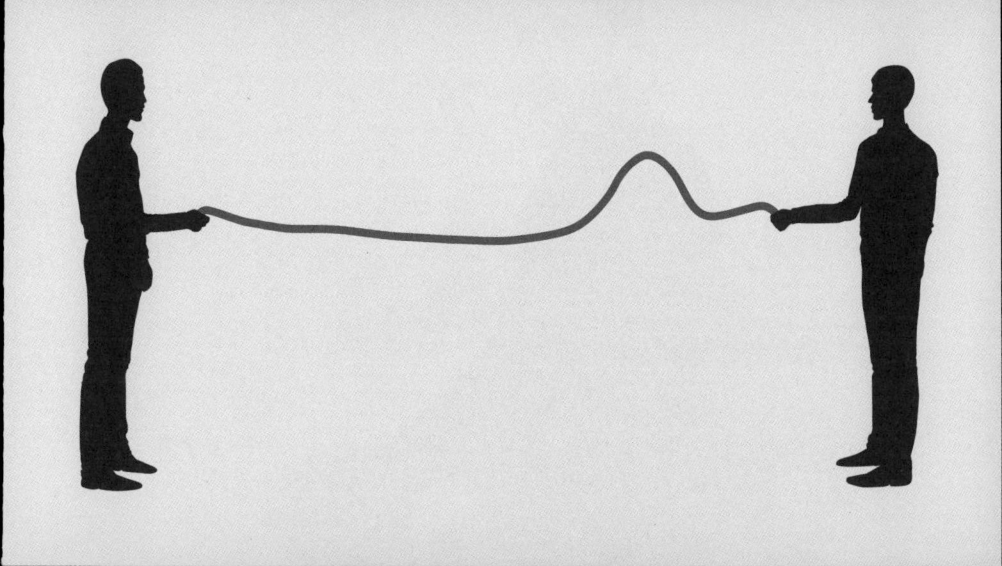

하나의 줄을 잡고 흔들면 파동이 생긴다.
줄이 이동하는 게 아니라 진동이 이동한다.
이 진동이 에너지를 전한다. 파도도 줄처럼
물이 이동하는 게 아니라 진동이 이동하는 것이다.

: 알베르트 아인슈타인.

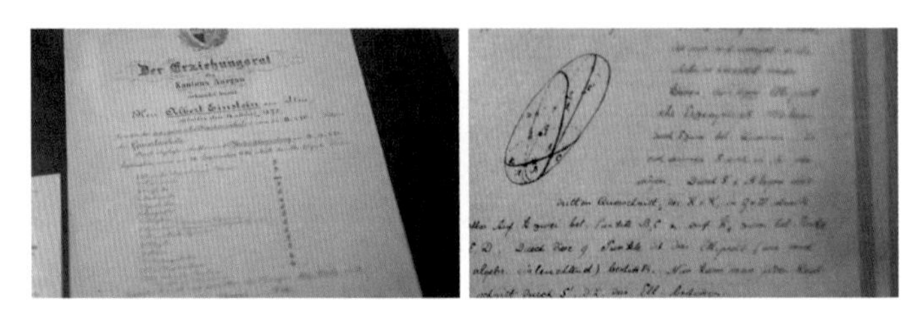

Der Erziehungsrat

: 아인슈타인은 공부를 못했다는 얘기가 있지만, 6점 만점에 대수, 기하, 물리 과목들은 만점이었다.

못했다는 얘기가 있지만, 6점 만점에 대수, 기하, 물리 과목들은 만점이었다. 특히 당대의 최신 물리학에 관심이 많았다. 영국 물리학자 제임스 클러크 맥스웰James Clerk Maxwell, 1831~1879이 밝혀낸 빛의 성질도 이미 알고 있었다. 그래서 열일곱 살에 빛에 대한 의문을 가졌던 것이다.

맥스웰은 빛이 잠시도 멈추지 않고 계속해서 앞으로 나간다는 것을 밝혀냈다. 이 말은 우리가 빛을 쫓아가도 빛은 앞으로 가버린다는 얘기다.

만약 우리가 빛 속도로 간다면, 빛의 상대적 속도는 0이다. 그럼 빛이 멈춰 있는 모습을 볼 수 있어야 한다. 그런데 그것은 불가능하다. 그러면 갈릴레오가 틀렸을까?

여기서 아인슈타인은 기발한 생각을 한다. 다시 오토바이의 속도 이야기로 돌아가보겠다. 한 남자가 탄 오토바이가 등속으로 시속 100킬로미터를 달리고 있다. 등속으로 시속 50킬로미터로 달리는 자동차에서 보면 오토바이의 속도는 시속 50킬로미터일 것이다. 즉 속도는 보는 사람에 따라 달라진다. 그러면 빛은 어떨까? 혹시, 다르지 않을까? 시속 50킬로미터로 달리는 자동차가 보았을 때도 초속 30만 킬로미터이고, 시속 100킬로미터로 달리는 오토바이가 보았을 때도 초속 30만 킬로미터라면?

빛은 누가 보더라도 항상 초속 30만 킬로미터이다. 누군가

소리의 속력

소리는 파동이다. 공기나 물 같은 매질의 진동이 이동하면, 우리의 뇌는 이 진동을 소리로 해석한다.
비행기가 날아가면 소리를 내는데, 섭씨 15도의 맑은 날이라면 소리의 속력은 초속 343미터이다.
만약 우리가 이 소리의 속력으로 소리를 쫓아가면 어떻게 될까? 전투기만큼 속력을 높이면 우리는 전투기가 내는 소리를 따라잡을 수 있게 될까? 마하 1이면 소리의 속력과 같아진다. 그러면 마하 1을 통과하면 어떻게 될까? 만약 우리가 마하 1을 통과한다면 우리는 비행기가 내는 소리는 들을 수 없을 것이다.
소리의 속력을 재는 것은 생각보다 쉽다. 메아리를 이용하면 된다. 눈앞의 산을 향해 소리를 지르면, 그 자리에서 출발한 소리는 산에 부딪혀 다시 돌아온다. 지금 있는 곳과 산의 간격을 알고 메아리가 돌아오는 시간을 재면 소리의 속력을 알 수 있다. 1초에 약 340미터. 소리의 속력은 우리가 느낄 수 있을 정도다.
매질 외에 소리의 속력에 영향을 가장 크게 미치는 것은 공기의 온도이다. 온도가 높으면 공기의 밀도가 낮아져 음속이 빨라진다.

가 시속 100킬로미터로 움직이든, 시속 1만 킬로미터로 움직이든 변함이 없다. 심지어 반대 방향으로 움직이더라도 말이다.

'내가 아무리 쫓아가도 빛은 항상 초속 30만 킬로미터로 도망가는 것은 아닐까.' 광속 불변의 법칙. 이것이 아인슈타인의 생각이었다.

이제야 우리는 언제나 같은 속도로 쉬지 않고 달려오는 빛의 비밀을 엿들었다. 빛은 과거로부터 온 소식이다. 가볼 수 없는 우주의 비밀을 가지고 우리에게로 온다. 현재에 붙잡힌 우리는, 언제까지나, 빛을 동경한다.

아인슈타인과 상대성

아인슈타인은 빛의 비밀을 살짝 들추었다. 속도는 상대적이고, 빛은 불변한다! 갈릴레오와 빛, 이 둘 다 옳다면 무엇인가 틀린 것이 있을 것이다. '빛의 속도가 불변하다면 변하는 건 무엇일까?' 방법이 있다면 변하지 않는다고 생각했던 것을 의심해야 할 것이다.

아인슈타인이 고민을 털어놓은 상대는 올림피아 아카데미 회원인 친구 미켈레 베소Michele Besso, 1873~1955였다. 1905년 5월 15일은 아인슈타인의 일생에서도, 또 물리학의 역사에서도 아주 중요한 날이다. 아인슈타인은 친구 베소를 찾아가

베른의 명물인 크람 거리 지트글로게 시계. 15세기에 만들어진
이 시계는 베른 시내 한가운데에 있다. 아인슈타인도 베른에
도착하자마자 도시의 명물인 이 시계를 보았을 것이다.
그때 아인슈타인은 시계가 자신의 인생에 어떤 의미를
가져다주리라는 것을 짐작도 하지 못했을 것이다.

기차의 시간을 맞추려면 두 도시의 시간이 같아야 한다.
그러나 도시들의 기차역 시계를 맞추는 건 생각만큼 쉽지 않았다.

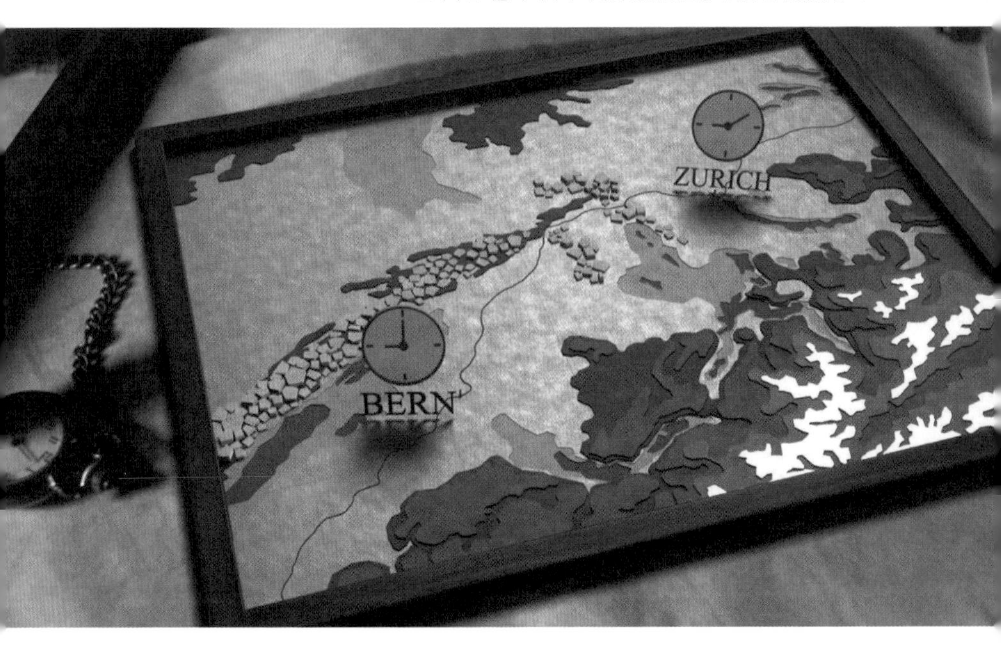

이야기를 나누는 도중에 상대성이론의 힌트를 얻었다. 두 사람이 무슨 얘기를 나누었는지 정확히 알 수는 없지만, 몇 가지 남은 증거로 추측해볼 수는 있다.

1905년 당시 아인슈타인은 특허국의 심사관이었다. 신청된 특허들이 적합한지 아닌지 판단하는 게 주된 업무였다. 아인슈타인에게 신청된 자료에는 특히 시계와 관련된 것이 많았다. 시계가 발달하지 않은 당시에 서로 떨어져 있는 기차역의 시간을 어떻게 맞추는가 하는 것은 굉장히 중요한 문제였다. 예를 들면 이런 문제였다.

베른과 취리히를 오가는 기차가 있다. 기차 시간을 맞추려면 두 도시의 시간이 같아야 한다. 그런데 베른의 시계가 9시를 가리킬 때, 그곳에서 120킬로미터쯤 떨어진 취리히에 가보면 9시 10분인 경우가 당시에는 다반사였다. 열차의 수가 많아지고 노선이 복잡해지면서 모든 도시의 시계를 맞춰야 하는 일을 피할 수 없게 되었다. 동시에 움직이는 시계가 필요했다. 어느 도시의 시계가 맞을까? 과연 시간은 절대적인가? 우리가 가진 시계는 그 절대적인 시간을 측정하는 것인가? 아니면 시간이란 결국 시계의 바늘이 움직이는 것에 불과한 것인가?

아인슈타인은 시간을 의심했다. 그러고 나니 모든 것이 선명해졌다. 누구나 아인슈타인이 천재라는 말에 동의하겠지만, 아인슈타인이 이 모든 것을 하룻밤 만에 쌓아올린 것은 아니다. 10년 동안 이 문제를 생각하고 또 생각했고, 드디어 답을 찾아냈다.

두 개의 번개가 동시에 떨어지는 사건을 떠올려보자. 이것은 아인슈타인뿐 아니라 수많이 사람들이 봐오던 현상이다. 아인슈타인은 같은 순간에 내리친 번개가 실제로는 같은 순간이 아닐 수도 있다고 생각했다. 아인슈타인은 동시에 번개가 치는 것처럼 보이지만 동시에 번개가 치는 것이 아니라고 믿었다. 아인슈타인이 여기서 본 건 배후에 존재하는 어떤 것이었다. 눈앞에 보이는 것을 믿지 않고, 그 너머에 존재하

우리 눈에는 번개가 동시에 내리치는 것처럼 보여도
어디서 보느냐에 따라 번개가 동시에 내리치는 것이 아닐 수 있다.

는 것을 보았다. 바로 시간이다. 우리가 믿었던 '동시(同時)'라는 것이 어떤 것인지를 보려면 우리는 좀 더 먼 곳으로 가야 한다.

아인슈타인은 상대성이론을 쉽게 설명하려고 했다. 그래서 때때로 기차를 예로 들었다. 기차를 생각한 건 아마도 100년 전에 기차가 가장 빨랐기 때문일 것이다.

어려운 일이겠지만, 지금부터 아인슈타인처럼 생각해보겠다. 지금 눈앞에, 잠시 기차가 멈췄다. 이 기차 안에는 좀 특별한 장치가 있다. 가운데 빛을 내는 광원이 있고, 양쪽으로 같은 거리에 빛을 반사하는 반사기가 있다. 단추를 누르면 빛은 같은 거리만큼 가서 동시에 반사된다. 밖에서 봐도 마찬가지다. 같은 거리를 가서 동시에 반사된다. 그럼 기차가 빠르게 달리면 어떻게 될까? 기차 안에서 보면, 역시 같은 거리만큼 가서 동시에 반사된다. 기차가 빛의 속도에 가까이 갈 만큼 빨라져도 물론 마찬가지다. 그런데 같은 상황을 밖에서 보면 이상해진다. 아까는 동시였는데 이번엔 아니다. 빛은 언제나 속도가 일정하니까, 다가오는 뒤쪽이 먼저, 멀어지는 앞쪽이 나중에 반사된다. 즉 기차 안에서는 동시가, 밖에서는 동시가 아니다. 누군가에게는 동시가 누군가에게는 동시가 아니다. 빛은 한결같으므로, 변하는 것은 시간이다. 그러므로 시간은 모두에게 다르게 흘러간다.

기차 안에 좌우로 빛을 쏠 수 있는 특별한 장치가 설치되어 있다. 양쪽에 같은 거리에는 빛을 반사하는 반사기가 놓여 있다.

기차가 멈춰 있으면 빛을 내는 단추를 눌렀을 때 빛은 같은 거리만큼 가서 동시에 반사된다.

그러면 기차가 빠르게 달리면 어떻게 될까? 기차 안에서는 같은 거리만큼 가서 동시에 반사된다.

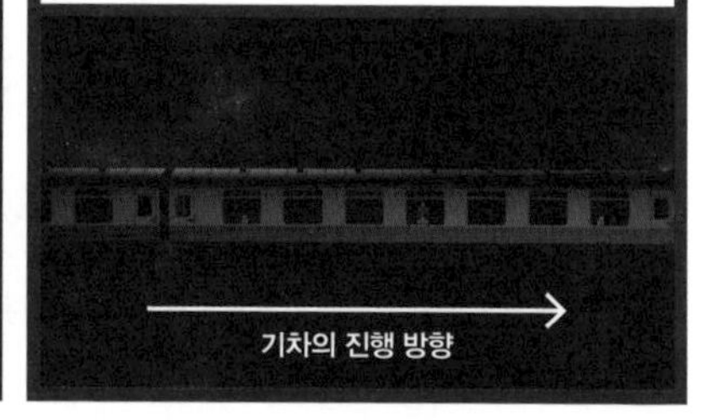

그러나 밖에서 보면 기차가 달리는 방향의 뒤쪽 부분이 먼저 반사된다.

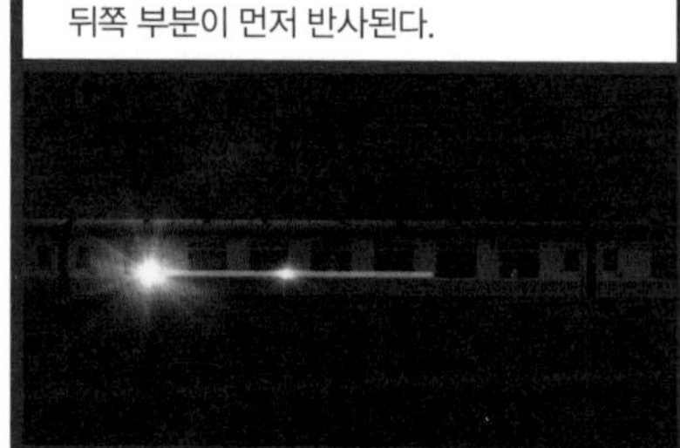

그리고 앞쪽 부분이 나중에 반사된다.

두 개의 번개가 동시에 쳤다고 하더라도 그것은 지구라는 거대한 열차를 함께 타고 있는 우리에게만 그렇게 보인다. 지구와 다른 속도로 움직이는 곳에서는 그 번개가 시간을 두고 일어나는 현상으로 보일 수 있다. 지구가 공전하는 속도와 관찰자의 속도 차이가 크면 클수록 번개가 치는 시간은 벌어진다.

아인슈타인에게 동시에 일어난 사건이란 처음부터 존재하지 않는다. 시간이 모든 사람에게 다르게 흘러가기 때문이다. 절대적인 시간이란 원래부터 없었던 것이다. 아인슈타인은 자신의 아이디어를 확장시켜 나갔다.

특수상대성이론의 의미

이제 우리 이야기는 처음 에피소드로 다시 돌아간다. 쌍둥이 언니의 시간은 왜 느리게 갔을까?

우주 공간에서 속도가 변하지 않는 것은 빛이다. 변하지 않는 빛을 기준으로 광자시계를 보자. 봉은 길이가 1미터이다. 한 번 가면 1초, 오면 다시 1초이다. 일곱 번을 왔다 갔다 하면 7초다. 안에서 수직으로 흐르는 빛을 밖에서 보면 사선으로 흐른다. 빛이 지나온 길을 밖에서 재보면 7미터가 넘는다. 밖에서 흐른 시간을 재면 10초다. 우주선 안보다 시간이

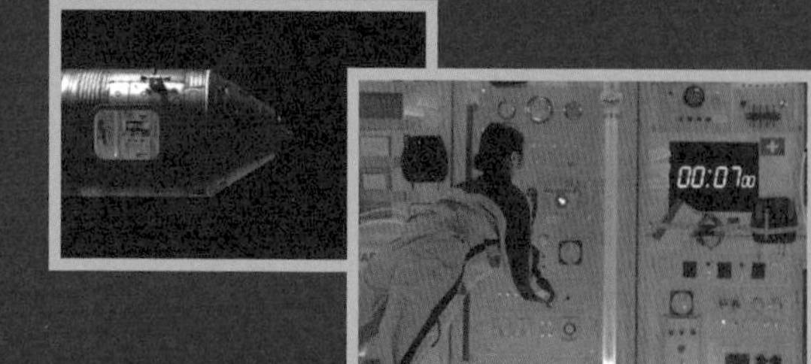

광자시계의 봉은 길이가 1미터이다.
한 번 가면 1초, 오면 다시 1초이다.
일곱 번을 왔다 갔다 하면 7초다.

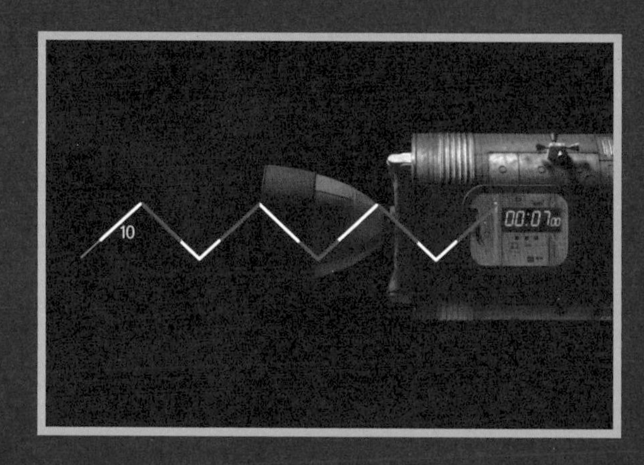

안에서 수직으로
흐르는 빛이 밖에서
보면 사선으로 흐른다.
밖에서 보면 7초 동안
빛이 지나온 거리는
7미터가 넘는다.

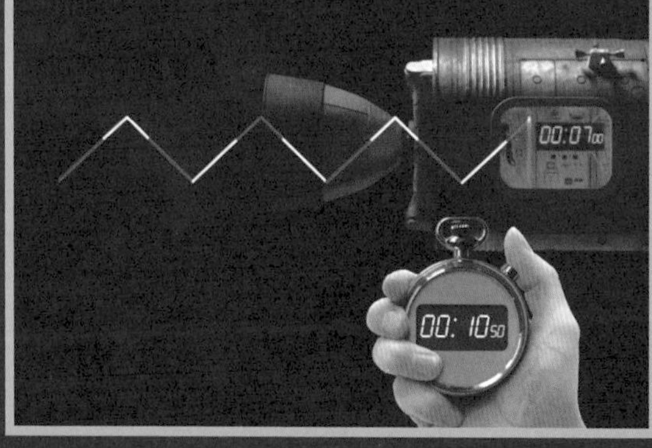

시간을 재보면, 우주선 안의 시간은
7초가 흘렀지만 밖에서는 10초가
흘렀다.

빠르게 지나갔다.

우주선과 같은 속도로 움직이고 있다면 우주선 밖에서 볼 때도 광자시계의 움직임은 같다. 그러나 둘의 속도가 달라지면 광자의 궤적은 달라진다. 우주선 안의 1초와 밖에서의 1초가 다르다. 우주선의 속도가 점점 빨라질수록 밖에서 보는 우주선 안의 시간은 점점 느려진다. 즉 빠르게 가는 우주선 안에서는 시간이 천천히 흘러서, 언니는 아직 젊지만 지구에 있는 동생은 더 빠르게 늙어간다.

뮤온의 시간

1905년은 아인슈타인에게 기적의 해였다. 비단 아인슈타인뿐 아니라, 절대적인 것과 상대적인 것이 완전히 바뀐, 우리 모두에게 기적의 해였다.

등속 운동은 일상에서 별로 눈에 띄지 않기 때문에, 특수한 경우라고 해서 아인슈타인의 이론에는 특수상대성이론이라는 이름이 붙었다.

아인슈타인의 특수상대성이론은 우리에게 무슨 의미가 있는 것일까? 광속의 우주에서 통하는 이야기는 우리에게 어떤 영향을 미쳤을까? 모든 것을 바꿔놓은 것 같기도 하고, 어떻게 보면 하나도 변한 게 없어 보인다.

아인슈타인이 여기서 본 건 배후에 존재하는 어떤 것이었다.
그는 눈앞에 보이는 것을 믿지 않고,
그 너머에 존재하는 것을 보았다. 바로 시간이다.

기상관측소인 스위스의 스핑크스 연구소는 특수상대성이론의 증거를 찾았다. 이 기상관측소에서 하는 일 중의 하나는 뮤온(π중간자와 K중간자가 붕괴할 때 생기는 불안정한 기본 입자)을 관측하는 일이다. 우주에서 날아온 입자가 지구의 대기권에 부딪히면 뮤온이라는 입자가 만들어진다. 수명은 불과 100만 분의 2초. 뮤온은 그 사이 660미터를 날아간다. 그런데 뮤온은 만들어진 후 660미터를 날아간 후 사라져야 하는데, 32킬로미터를 날아 지상에 도달한다. 우리가 보면 32킬로미터를 가는 것이다. 이는 광속의 99%로 달리는 뮤온의 시간이 늘어났기 때문이다. 뮤온에겐 660미터, 우리에겐 32킬로미터, 서로의 시간이 각자 다르게 흘러갔다. 베른의 특허국 사무실에서 아인슈타인이 생각했던 아득한 우주를 우리는 기상관측소에서 볼 수 있다.

결국 절대적인 시간이란 우주 어디에도 존재하지 않는다. 우리 모두는 서로 다른 시간을 살아가고 있는 것이다. 아인슈타인에 와서야 우리는 절대적인 것과 상대적인 것의 의미를 다시 생각하게 되었다. 절대적인 것이 무너지고 새로운 기준이 필요하게 된 것이다. 20세기의 세계는 이런 혼란에서부터 시작되었다. 시간과 공간은 이때부터 더 확장되고 알 수 없는 무엇인가가 되어버렸다. 우리 이야기는 그 다음부터 시작된다.

Physics
of the
Light

2

빛과 공간, 일반상대성이론

2012년 11월 13일, 오스트레일리아에서 찍은 개기일식(Total Solar Eclipse Viewed from Australia) ©NASA

빛은 우주의 시작이다.
우리는 빛이 시간을 결정하는 것을 알았다.
그러나 그것은 시작에 불과하다.
빛은 우리를 좀 더 기이한 세계로 인도한다.

과연 떨어진다는 것은 무엇일까.
왜 '아래로' 떨어지는 것일까.
아래 어딘가에 중심이 있어서
끝도 한도 없이 잡아당기는 것일까.

이번엔 아주 단순한 질문에서 시작한다.
무엇이 우리를 아래로 떨어지게 하는가.

"시간, 공간, 중력은
물질과 별개의 존재가 아니다."
– 알베르트 아인슈타인

Episode 02

2012년 5월 21일 오전 7시 무렵 일본 도쿄의 신주쿠 거리. 이 도시의 이날 아침은 다른 날과 분위기가 달랐다. 길을 가던 사람들이 발길을 멈추었다. 무엇이 이들의 일상을 멈추게 했을까? 이날 하늘에서는 특별한 일이 일어났다. 도쿄에서는 173년 만의 일이었다. 아침이 밤처럼 어두워졌고, 평생 볼까 말까 한 장관 앞에서 도쿄의 사람들은 잔뜩 긴장했다. 금환일식의 절정은 오전 7시 20분이었다. 달은 태양을 정확히 가렸다. 멈춰 선 사람들이 필터 안경을 쓰고 하늘을 올려다보았다. 태양을 달이 가리기 시작하자 여고생들은 환호성을 질렀다. 그리고

태양이 달 뒤에 숨는 순간, 우주는 자신의 비밀 일부를 슬쩍 드러냈다. 시간과 공간의 비밀을 말이다.

일식은 태양과 달, 지구가 일직선이 될 때 일어난다. 물리학자 에딩턴은 일식 때 발견된 태양 옆의 별들을 사진으로 찍었고, 이것은 아인슈타인의 일반상대성이론을 뒷받침했다.

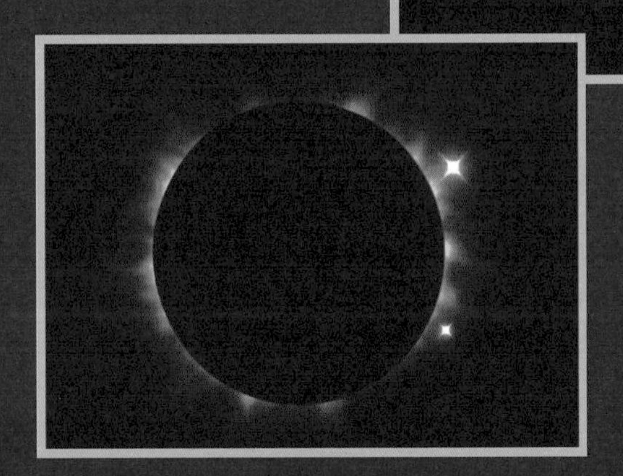

1919년, 아인슈타인의 열렬한 지지자인 영국의 천체물리학자 아서 스탠리 에딩턴Arthur Stanly Eddington, 1882~1944은 아프리카의 작은 섬을 찾아갔다. 일식을 관찰하기 위해서였다. 에딩턴의 질문은 한 가지였다. 별빛은 중력에 의해 휘어질까?

일식은 태양과 달, 지구가 일직선이 될 때 일어난다. 태양이 달에 가려 하늘이 어두워지면, 이때 하늘에 별이 드러난다. 태양 뒤에 숨은 별은 지구에서는 안 보여야 하는데 말이다. 에딩턴은 그 숨은 별을 사진에 담았고, 그 사진으로 아인슈타인은 전 세계의 주목을 받았다.

1905년 아인슈타인은 「움직이는 물체의 전기동력학에 대하여」라는 짧은 논문을 통해, 시간이 절대적인 것이 아니라 상대적인 것이라는 사실을 밝혔다. 지극히 작은 차이지만 우리는 모두 다른 시간을 살고 있다. 누구에게는 시간이 좀 더 빠르게 흘러가고, 누구에게는 시간이 천천히 흘러간다. 혁신적이었다. 이 논문은 나중에 특수상대성이론이라는 이름을 갖게 되었다. 그러나 이 특수상대성이론은 곧 어떤 거대한 산에 의해 가로막힌다. 그 사실을 깨달은 사람도 아인슈타인이었다.

1906년, 특수상대성이론을 발표한 지 1년이 지났지만 스물일곱 살의 아인슈타인에게 바뀐 것은 별로 없었다. 특허국

기술 전문 제2급 사무관으로 승진했고, 아들은 한참 말을 듣지 않을 나이가 됐다. 함께 물리학을 전공했던 아내는 더 이상 남편을 따라잡을 수 없게 됐다. 아인슈타인이 오직 신경 쓴 건 특수상대성이론에 중력을 적용할 수 없다는 점이었다. 특수상대성이론은 등속의 세계, 중력은 가속의 세계여서 맞지 않았던 것이다. 떨어지는 건 뭘까. 이 간단하고도 단순한 질문은 거장 아이작 뉴턴Issac Newton, 1642~1727을 향한 도발이었다.

하늘의 달과 땅의 사과는 왜 다른가

영국왕립학회의 지하서고엔 자연과학의 보고들로 가득하다. 1660년 창립된 이 학회가 가장 중요하게 생각하는 책은 뉴턴의 『프린키피아』이다. 세 권으로 된 이 책은 라틴어로 쓰

: 영국왕립학회.

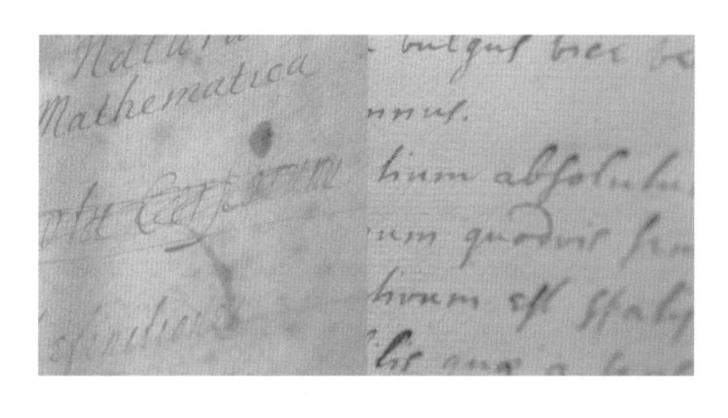

인쇄소에 보내졌던
뉴턴의 육필 원고.
영국왕립학회의
키스 무어 도서관장은
뉴턴의 『프린키피아』를
세계에서 가장 영향력 있는
책 중의 하나라고
소개한다.

였다.

뉴턴은 이 책에서 우주가 어떻게 작동하는지를 설명하고 있다. 그는 이 책을 마흔다섯 살에 출판했지만, 아이디어는 20대 초반에 시작된 것이다. 뉴턴을 우주의 작동원리까지 가게 한 질문이 하나 있었다. 그것은 바로 다음과 같은 질문이었다. 도대체 떨어진다는 것은 무엇일까?

뉴턴이 고향 울즈소프로 돌아온 것은 스물세 살 때였다. 1665년 전염병 때문에 다니던 대학이 휴교를 했기 때문이다. 고향으로 돌아온 그는 그곳에서 2년 동안 머물렀다. 수학과 철학에 모든 시간을 쏟았다. 대학에 다닐 때에도 교수의 가르침에 의지하기보다 독학을 주로 했던 뉴턴이었다. 연구할 것들은 주변에 넘쳐났다. 그가 관심을 가졌던 것은 천체와 관련된 문제였다. 뉴턴은 생각했다. 땅에 있는 물건은 아래로 떨어지는데 왜 하늘에 있는 저 큰 달은 떨어지지 않을까? 무슨 힘이 달을 지구 주위로 돌게 만들까? 이것은 2000년간

영국 울즈소프에 있는 뉴턴의 생가.

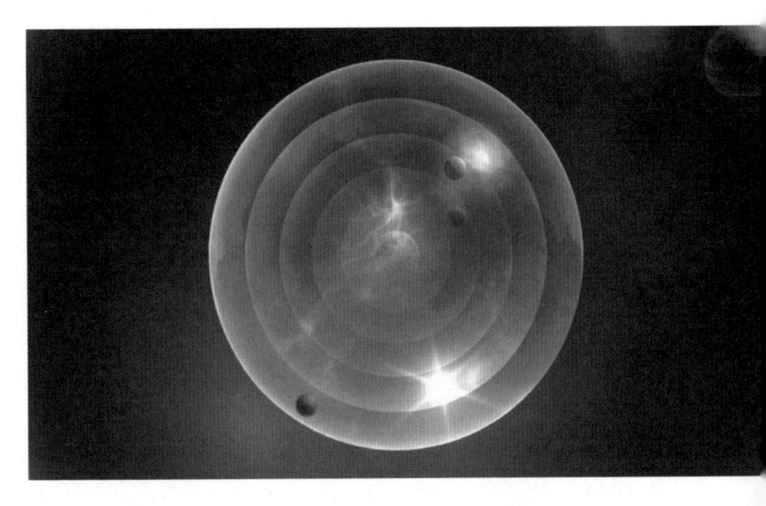

아리스토텔레스는 천체가 완벽한 원운동을 하면서 자신의 궤도를 돈다고 주장했다.

이 세계를 지배하는 세계관에 관한 질문이기도 했다.

유럽 세계의 우주관은 고대 그리스에서부터 출발한다. 알렉산더의 스승이기도 했던 아리스토텔레스는 중력이 하늘과 땅의 움직임이 서로 다르기 때문에 나타난다고 믿었다. 땅은 불완전하기 짝이 없는데 하늘은 완벽함 그 자체여서 움직임이 다를 수밖에 없다는 것이다. 아리스토텔레스의 생각은 이랬다. 천체는 완벽한 원운동을 하면서 자신의 궤도를 돌기 때문에 결코 서로 충돌하지 않는다. 그리고 그 중심에는 우리가 사는 지구가 있다. 하늘과는 달리 지상계는 끊임없이 변화가 일어나는 불완전한 세계다. 지상계의 운동은

아리스토텔레스는 지상계의 물질은 불, 물, 흙, 공기라는 4가지 원소로 이루어진다고 주장했다.

라파엘로의 〈아테네 학당〉(1509~1510)에
그려진 아리스토텔레스.

강제적인 운동과 자연스러운 운동으로 나뉜다. 또 지상계는 불, 물, 흙, 공기라는 4원소로 이루어져 있다. 불, 물, 흙, 공기는 변하지 않는 성질을 띤 것으로, 불완전한 세상을 구성하는 기본 물질이다. 이 네 가지로 만든 물질들은 모두 본래 있어야 할 곳으로 돌아가는 회귀본능을 가지고 있다. 가벼운 것은 위로, 무거운 것은 아래로. 흙은 그 고향인 땅으로 향하고 불은 항상 하늘로 올라간다. 돌을 공기 중에 놓으면 낙하한다. 돌은 자기 상태로 돌아가려고 하기 때문에 떨어지는 것이다. 이런 아리스토텔레스의 생각은 2000년간 유럽을 지배했다.

아리스토텔레스의 말대로라면, 사과도 본래 위치로 가기 위해서 떨어진다. 그러나 뉴턴은 아리스토텔레스의 말을 의심 없이 믿어버리는 성격이 아니었다. 아리스토텔레스의 답은 증명되지 않았기 때문이다.

하늘의 달과 땅의 사과가 다르게 운동한 이유가 있을까? 케플러의 발견은 뉴턴에게 첫 번째 힌트가 되었다. 케플러가 밝힌 것은 지구가 태양 주위를 타원으로 돈다는 것이었다. 원이 아니라 타원이다. 타원이란 두 초점의 거리의 합이 모두 같은 점으로 이루어진 도형으로, 두 초점에 실을 묶어 돌리면 그릴 수 있는 도형이다. 달은 지구를 타원으로 돌고 있고, 지구는 태양을 타원으로 돌고 있다. 이것이 바로 케플러가 찾아낸 행성 궤도의 비밀이다. 또 뉴턴은 그 답의 두 번째 힌트를 갈릴레오의 관성의 법칙에서 찾을 수 있었다.

관성의 법칙과 중력

관성의 법칙은 간단하다. 움직이는 물체는 계속 움직이려 하고, 정지해 있는 물체는 계속 정지해 있으려고 하는 성질이다. 이 관성의 법칙은 버스를 타 보면 누구나 경험할 수 있는 법칙이다. 도로를 달리던 버스가 브레이크를 밟으면, 차는 정지하는데 몸은 계속 앞으로 가려고 한다. 다시 버스가 가속 페달을 밟으면, 차는 앞으로 가지만 몸은 뒤로 젖혀진다. 멈춰 있으려고 하기 때문이다. 움직이는 것은 계속 움직이고 정지해 있는 것은 계속 정지하려고 하는 것이다. 이것이 관성의 법칙이다.

갈릴레오는 이것을 어떻게 알았을까? 갈릴레오는 기발한 아이디어로 이것을 증명했다.

갈릴레오는 실제 경사면에서 공을 굴려보았다. 낙하하는 속도를 구하기 위한 실험이었다. 마찰이 없는 경사면에 공을 놓으면, 반대쪽의 같은 높이까지 올라갔다가 다시 제자리로 돌아간다. 경사면 한쪽이 길어지면 어떻게 될까? 공은 또 같은 높이가 나올 때까지 간다. 경사면의 길이를 더 길게 바꿔

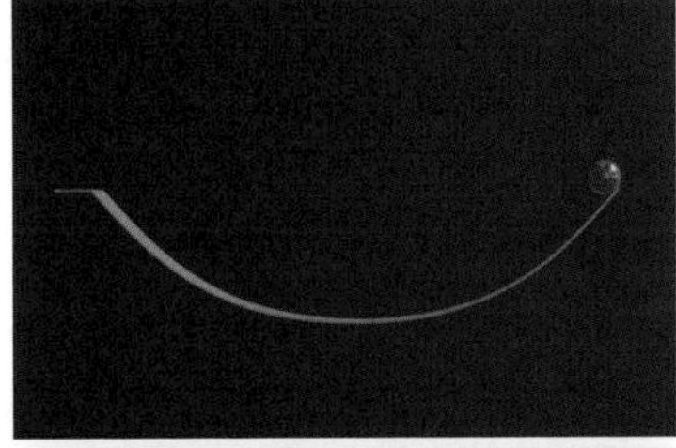

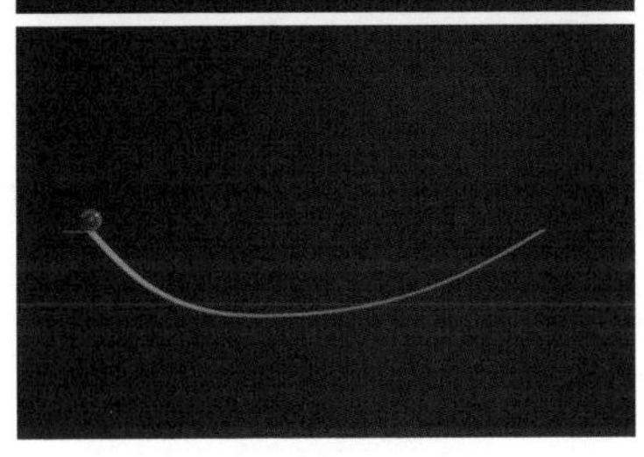

마찰이 없는 경사면에 공을 놓으면
반대쪽의 같은 높이까지 올라간다.
그리고 다시 제자리로 돌아간다.

갈릴레오의 실험. 관성의 법칙에 따라
경사면을 굴러가는 공은 방해를 받지
않는 한 계속 직진한다.

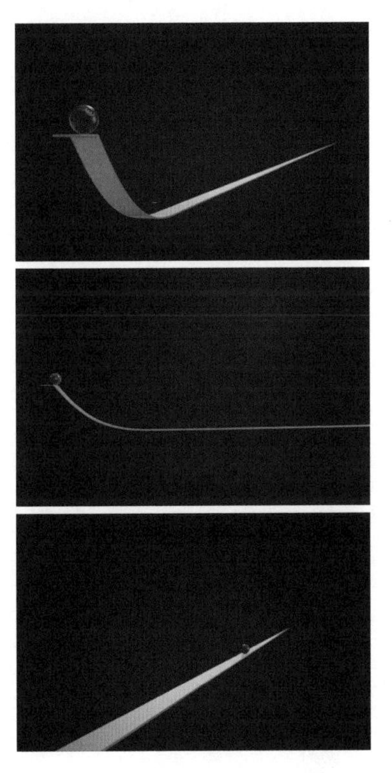

보아도 마찬가지이다. 그렇다면 반대쪽 경사를 아예 없애버리면 어떻게 될까? 역시 공은 그 높이가 나올 때까지 계속 나아간다. 바로 관성의 법칙이다. 운동하고 있는 물체는 방해를 받지 않는 한 계속 직진한다. 그래서 우주에서는 한 번 힘을 받은 물체는 영원히 계속 움직인다. 우주선도 방향을 바꾸지 않는 한 연료 없이 계속 앞으로 나아갈 것이다.

관성의 법칙에 따른다면 달도, 공도 계속 앞으로 나아가야 한다. 그런데 달은 지구 주위를 돌고 있고, 지구 역시 한 방향으로 태양을 돌고 있으며, 지구 상에서 하늘로 던진 공은 아래로 떨어진다. 그러면 공이 땅에 떨어지지 않게 하는 방법이 있다면 무엇일까? 그중 하나의 방법은 공이 닿기 전에 땅을 내리는 것이다. 땅을 계속 내리다보면, 공이 지나간 궤

지상에서 맨 손으로 공을 아무리 높이 던져도, 공은 다시 지상으로 떨어진다.
뉴턴은 왜 하늘을 향해 던진 공에게는 관성의 법칙이 적용되지 않는지,
그 이유를 궁금해했다.

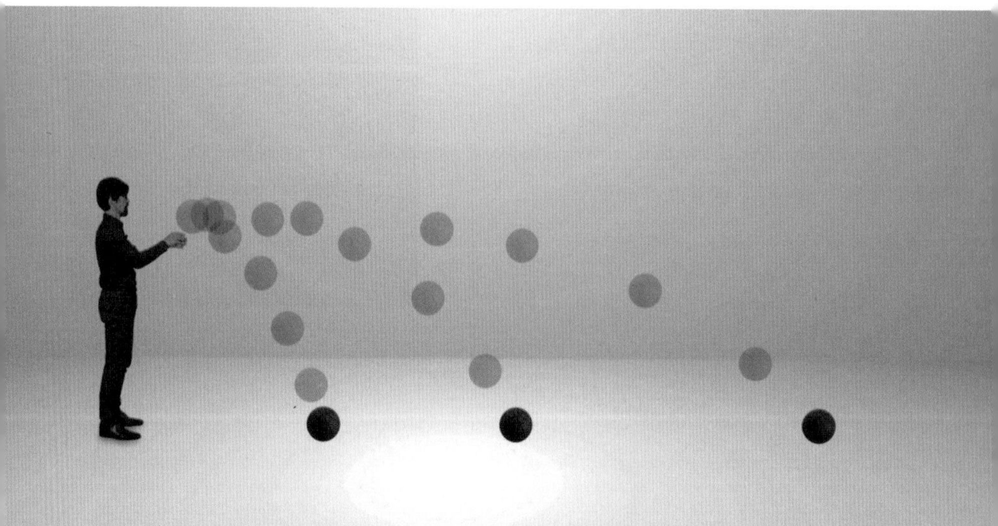

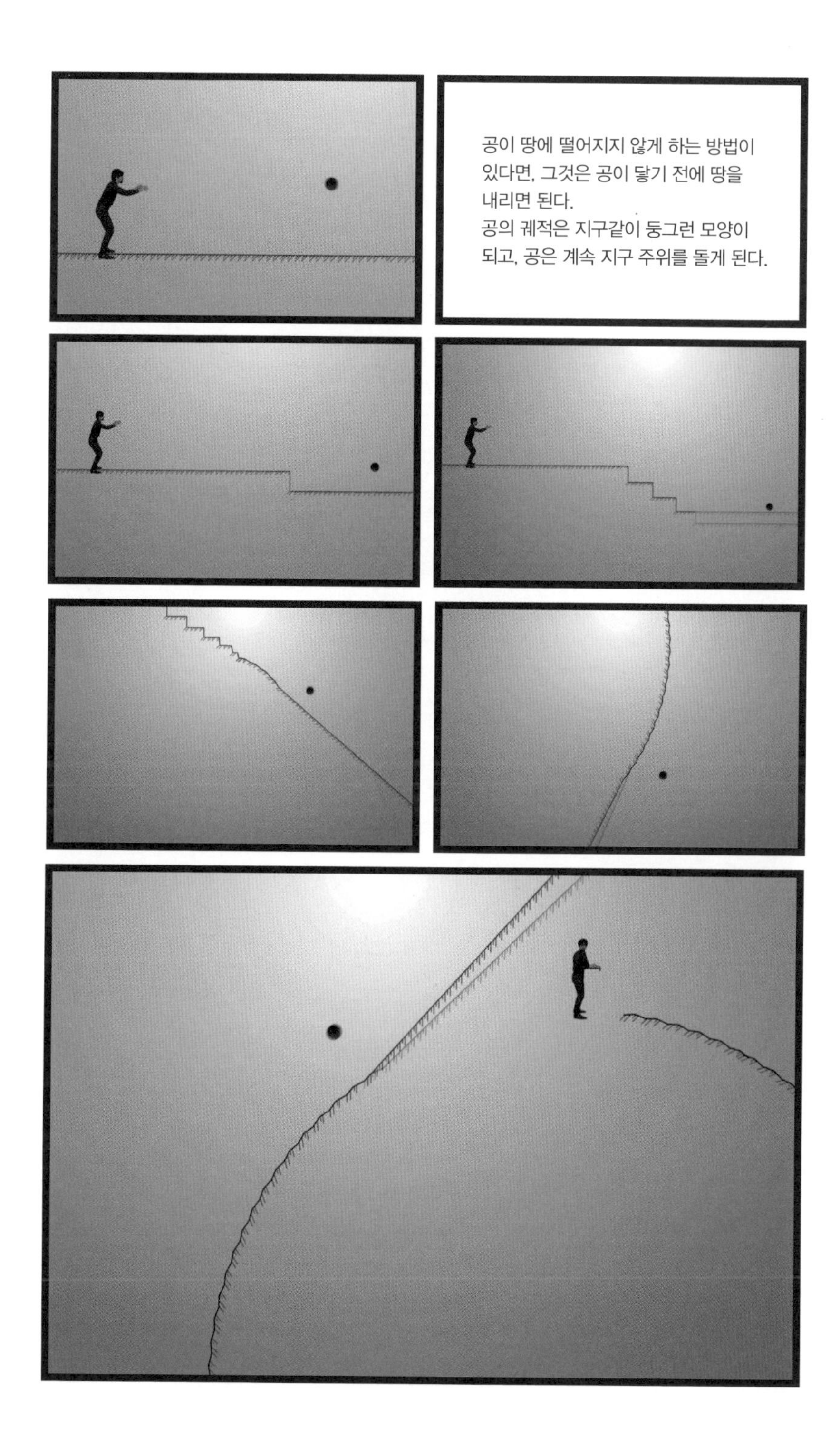
공이 땅에 떨어지지 않게 하는 방법이
있다면, 그것은 공이 닿기 전에 땅을
내리면 된다.
공의 궤적은 지구같이 둥그런 모양이
되고, 공은 계속 지구 주위를 돌게 된다.

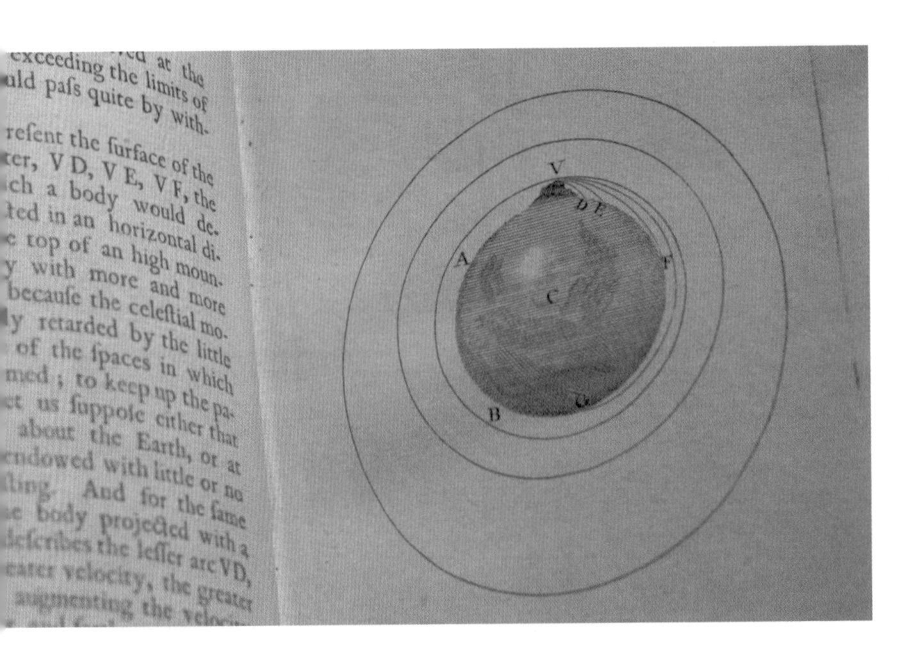

뉴턴의 『프린키피아』 제3권을 영어로 번역한 책. 제목은 '태양계의 구조'이다. 이 영어번역본은 뉴턴이 죽은 지 1년 뒤에 출판되었는데, 『프린키피아』의 내용이 삽화로 실려 있다. 중력을 설명하는 위 그림은 가장 유명한 삽화 가운데 하나다.

적은 둥그런 모양이 되고, 공은 계속 지구 주위를 돌게 된다.

뉴턴의 이 생각을 그대로 적용해서 만든 게 있다. 바로 인공위성이다. 달도 인공위성처럼 떨어지면서 지구를 돈다.

만유인력의 법칙

그런데 사과와 달은 도대체 왜 떨어지는걸까? 뉴턴은 서로 잡아당기는 힘 때문이라고 생각했다. 뉴턴은 중력이 질량을 가진 모든 점들에 존재한다고 생각했다. 그 점들이 모여 만든 물체는 그 질량만큼 힘을 가진다. 그것이 사과든, 달이든, 농구공이든 관계 없이 말이다. 그리고 하나의 같은 힘이 모든 물체 사이에 작용한다고 믿었다. 바로 만유인력이다. 뉴턴은 자신이 세운 가정 위에 그 힘을 계산해보았고, 그것을 바탕으로 하나의 방정식을 만들어낸다.

$$F = G\frac{Mm}{r^2}$$

(F는 만유인력, G는 중력상수, M과 m은 질량, r은 거리)

인공위성은 뉴턴의 공식에 따라 움직인다.
일정한 속도를 넘으면 인공위성은 떨어지지 않고 지구를 계속 돈다.

눈앞의 사과와 호두는 진공 상태였다면 끌어당기는 힘에 의해 서로 달라붙었을 것이다.

뉴턴의 방정식은 복잡해 보이지만 사실 말로 풀어내면 단순하다. 눈앞에 두 물체가 있다고 하자. 이 두 물체는 서로 잡아당긴다. 그 힘은 물체의 질량이 클수록 세진다. 만약 호두와 사과가 있다면, 호두와 사과의 질량이 커질수록 잡아당기는 힘이 세진다는 말이다. 그리고 둘 사이의 거리는 가까울수록 힘이 세지고, 멀어질수록 약해진다. 정확히 하자면, 거리의 제곱에 반비례한다.

그러면 왜 눈앞의 탁자에 놓인 호두와 사과는 서로 끌어당기지 않는 것일까? 이것은 지표면의 마찰력이 방해를 하고 있기 때문이다. 마찰력이 없는 우주라면 호두와 사과는 붙었을 것이다. 이게 바로 만유인력의 법칙이다.

한번 생각해보자. 농구선수는 어떻게 농구 골대에 농구공을 집어넣을 수 있을까? 골대에 공이 들어가는 것은 지구와 공이 서로 당기는 힘, 그러니까 만유인력과 관성의 힘을 선수의 몸이 정확히 알기 때문이다. 공이 날아가는 순간에도 그 힘은 끊임없이 작용한다. 그러면 공을 던지는 힘을 점점 키우면 어떻게 될까? 공을 초속 7.9킬로미터로 던진다면 만유인력과 관성의 힘이 균형을 이루게 되어, 농구공은 계속 지구를 돌게 된다. 초속 7.9킬로미터 속도를 넘으면 농구공이든 인공위성이든 떨어지지 않고 지구를 계속 도는 것이다. 그래서 이 속도를 제1우주속도라고 부른다. 이 우주속도는 뉴턴의 만유인력 공식 $F = G\frac{Mm}{r^2}$을 통해 계산할 수 있다.

$$F = G\frac{Mm}{r^2} = \frac{mv^2}{r},\ v = \sqrt{\frac{GM}{r}} = \sqrt{\frac{GM}{R}} = 7.9\text{km/s}$$이다.

뉴턴의 만유인력 공식은 $G\frac{Mm}{r^2}$ 이다. :

이렇게 보면 뉴턴은 1687년에 인공위성의 진로를 위한 설계도를 만든 셈이다.

결국 지구를 도는 달도 앞으로 계속 나아가려는 관성과 지구와 달이 서로 잡아당기는 만유인력 때문에 끊임없이 돌고 있는 것이다. 이뿐만 아니라 지구가 태양을 도는 원리도 마찬가지다. 모든 행성은 뉴턴이 영국의 작은 시골 책상 위에서 만든 공식에 따라 움직인다. 만유인력의 법칙을 발견한 뉴턴은 왜 궤도가 원이 아니라 타원인지 궁금해했던 케플러의 의문도 해결했다.

만약 두 개의 행성의 질량이 똑같다면 만유인력에 따라 행성이 움직이는 중심축은 두 물체의 가운데에 생긴다. 그리고 행성은 원운동을 할 것이다.

그러나 한 쪽의 질량이 더 크다면 그 축은 질량이 큰 행성 쪽으로 이동한다. 지구와 달의 질량은 차이가 많이 나므로 중심축은 지구 안에 있다. 달은 이 축을 중심으로 회전한다. 달이 타원으로 도는 것은 이 때문이다. 태양을 도는 모든 행성은 타원으로 돈다. 서로 질량이 다르고, 서로 다른 크기의 힘이 미치기 때문이다. 케플러의 궁금증은 이렇게 풀렸다.

그러면 우주에 가본 적도 없는 뉴턴은 만유인력의 법칙을 어떻게 증명했을까? 뉴턴은 사과를 달과 동일한 높이에 가져다놓았다. 달은 관성의 법칙에 따라 직선으로 이동한다.

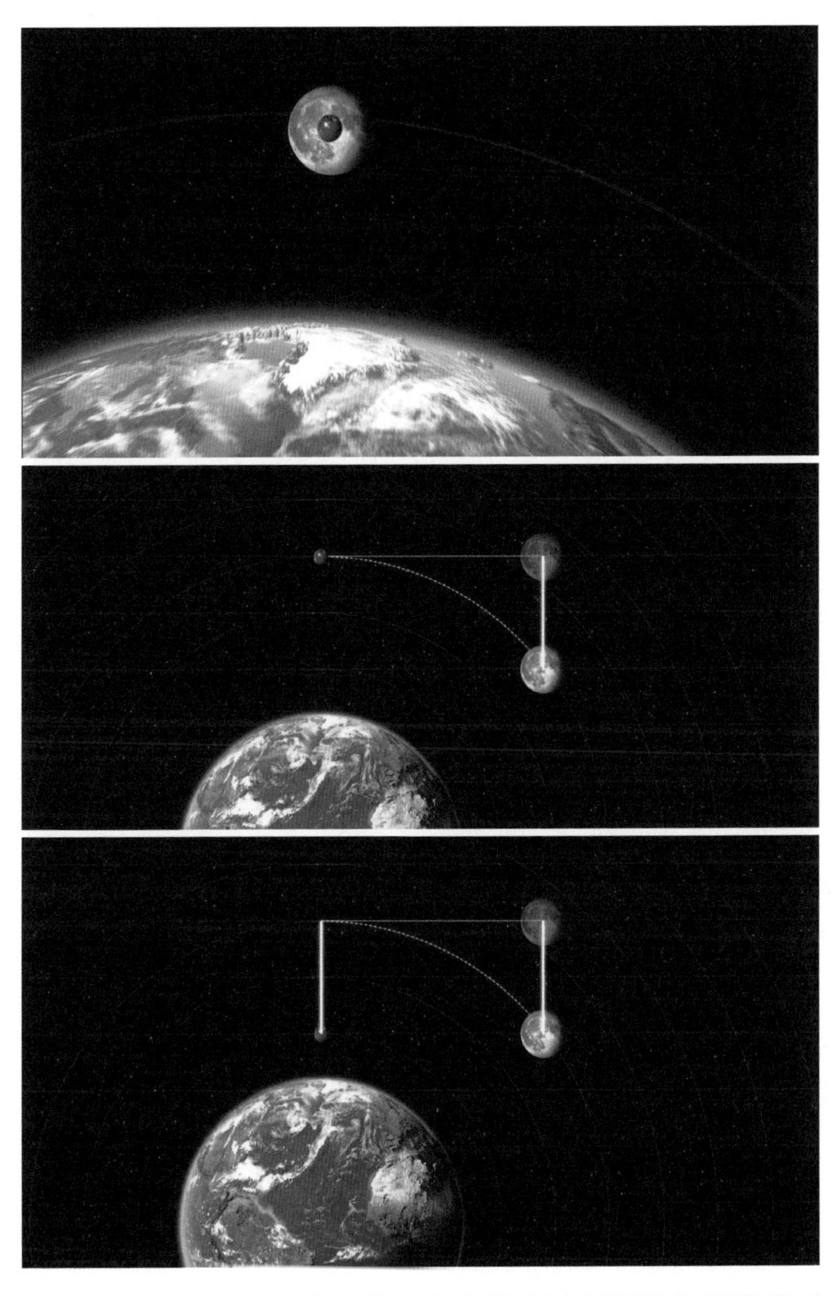

사과를 달과 동일한 높이에 갖다놓았을 때, 달과 사과를 잡아당기는 힘이 같으므로
달이 떨어진 거리는 사과가 떨어진 거리와 같다.

하지만 지구가 당기는 힘 때문에 아래로 끌려 내려온다. 뉴턴의 공식이 맞다면 달이 떨어진 거리는 사과가 떨어진 거리와 같아야 한다. 그렇다면 이 둘은 같은 힘(F)이 잡아당기는 것이다. 검증은 성공적이었다. 우주가 어떻게 돌아가는지 처음으로 알아낸 사람의 기쁨은 가히 짐작하고도 남는다. 뉴턴은 결과를 영국왕립학회에 보냈다. 그리고 그것을 엮어서 『프린키피아』를 펴냈다.

질량이 있는 것들은 서로 잡아당긴다. 가까이 있을수록 더 잡아당긴다. 영국의 작은 시골 마을에서 뉴턴은 우주가 어떻게 돌아가는지 알았다. 우주 만물이 만유인력의 법칙을 따른다는 것을 말이다.

우주 만물이 작동하는 원리를 알아냈다는 건 정말 근사한 일이었을 것이다. 그 전에는 오직 신만이 그런 일을 할 수 있을 줄 알았다. 밀물과 썰물도 뉴턴이 알아낸 그 원리에 의해 움직인다. 정말 대단한 발견 아닌가!

이렇게 뉴턴에 의해 태양과 지구, 그리고 지구와 달은 보이지 않는 하나의 힘에 의해 움직인다는 것이 증명되었다. 그러나 여전히 질문은 남는다. 이 힘들을 만들어내는 것은 무엇일까? 이 질문에 뉴턴은 "나는 가설을 만들지 않는다."라고 답했다고 한다.

그런데 뉴턴의 이론에 하나의 문제가 발견되었다. 만약 달

만약 달이 갑자기 없어지면, 우리는 그 사실을 즉시 알 수 있을까?
만유인력의 법칙에 따르면 지구에서 밀물과 썰물이 즉시 사라진다.
그러나 이는 중력이 빛보다 빨리 작용한다는 것을 뜻하는 것이어서
아인슈타인은 뉴턴의 이론에 의문을 품었다.

이 없어지면 어떻게 될까? 달이 없어진다면 우리는 그 사실을 즉시 알게 될 것 같지만 실은 1.5초 뒤에야 알게 된다. 달빛이 지구까지 오는 데 1.5초가 걸리기 때문이다. 만유인력에 따르면 달이 없어지는 순간 지구에서는 즉각 밀물과 썰물이 사라져야 한다. 그런데 무엇인가 이상하다. 빛이 가장 빠른데, 어떻게 중력이 빛보다 빠르게 전달된다는 것일까?

중력과 가속도

1907년 아인슈타인은 여전히 중력 문제에 빠져 있었다. 중력을 생각하면, 거장 뉴턴을 통과하지 않을 수 없었다.

아인슈타인과 뉴턴, 두 사람은 닮은 점이 참 많았다. 우선 물리학의 중심과는 먼 곳에서 고군분투했다. 둘 다 20대였고, 든든한 배경도 없었다. 물리학으로 가득 찬 머릿속은 늘 바빴다.

손으로 들어올린 물건에서 손을 떼면 물건은 아래로 떨어진다. 뉴턴의 설명대로라면, 물건이 떨어지는 것, 즉 지구로 향하는 것은 지구와 물건의 질량이 서로 당기기 때문이다. 서로 당기는 그 힘은 왜 발생하는 것일까? 뉴턴은 물체가 서로 당기는 힘은 질량과 거리에 따라 달라진다고 했다. 그러나 아인슈타인은 의문을 품는다. 아인슈타인이 발표한 특수상대성이론에 따르면 질량과 거리는 관찰자에 따라 달라진다. 상황이 이렇다면, 만유인력과 특수상대성이론, 이 둘 중의 하나가 틀린 것이다. 당연히 20대의 패기만만한 아인슈타인은 만유인력이 틀렸다고 믿었다. 만유인력에 무언가 허점이 있을 것이라고 생각했다.

우리가 경험하는 세계는 모두 중력이 작용하는 세계다. 중력이 가진 힘의 실체는 무엇일까? 1907년 어느 날 아인슈타인은 여느 때와 똑같이 중력과 상대성이론에 대해 고민하고 있었다. 그런 그에게 불현듯 하나의 생각이 떠올랐다.

지금 우리가 아인슈타인이 머릿속으로 상상한 우주 공간에 있다고 가정해보자. 이곳은 중력의 영향을 받지 않는 무중력 공간이다. 중력의 영향을 받지 않는 공간이니 모든 사물은 공중에 떠 있다. 하지만 우주선이 속도를 높이면, 즉

"위대한 생각들은 항상
평범한 사람들의
격렬한 저항에 부딪쳐왔다."
–아인슈타인

가속을 하면 이 무중력의 상태는 변한다. 우주선이 계속 가속한다면, 우리 몸은 가속하는 반대 방향 벽에 붙어 있게 될 것이다. 자동차를 가속할 때 몸이 뒤로 쏠리는 것과 같은 이치다. 가속을 멈추지 않는다면 우리 몸은 계속 이 상태를 유지할 것이다. 가속도를 이기려면 힘을 들여 몸을 일으켜 세워야 한다. 우리가 우주선에서 우주선이 가속하는 방향으로 몸을 일으켜 세웠다고 하자. 이런 자세는 사실 우리가 지구 위에 서 있을 때와 같다. 결국 가속해서 몸이 아래로 쏠리는 것과 지구가 우리 몸을 잡아당기는 것, 이 두 상황은 같다. 즉 땅에 서 있는 것이 가속하고 있는 우주선에 있는 것과 같은 것이다.

가속도나 중력이 없어지면 어떤 모습일까? 무중력 실험 비행기 안에 있는 사람들은 비행기가 하강하기 시작할 때 공중에 뜬다. 뉴턴의 말대로라면 지구의 질량이 사람들을 잡아당겨야 하는데, 그들은 아무런 힘을 받지 않는 것처럼 비행기 안에 둥둥 떠 있게 된다.

우주선 안의 물체들이 한쪽으로 쏠리는 것은 가속이 진행되는 반대 방향으로 힘을 받았다는 것을 의미하고, 이것은 그쪽으로 중력을 받았다는 말과 같다. 그리고 다른 방향으로 쏠리는 것은 가속이 진행하는 방향이 바뀌었다는 말이 되며, 이것은 중력을 받는 방향이 바뀌었다는 말도 된다. 둘

무중력이었던 우주선이 가속하게 되면 그 속에 있는 사람과 사물들은 가속이 진행되는 반대 방향으로 쏠린다.

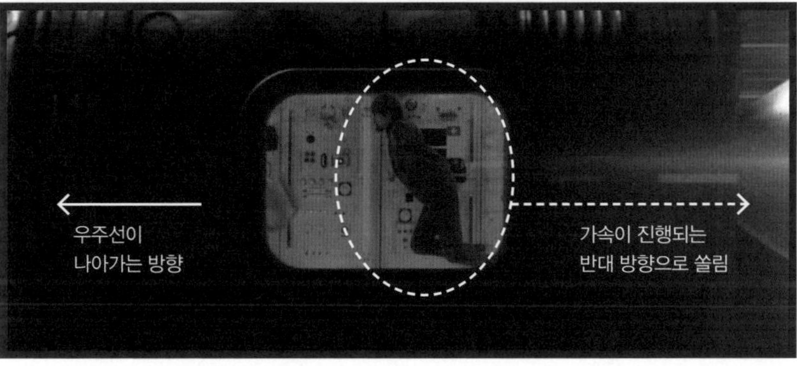

무중력이었던 우주선이 가속하게 되면 그 속에 있는 사람과 사물들은 가속이 진행되는 반대 방향으로 쏠린다. 아인슈타인은 몸이 아래로 쏠리는 것과 지구가 우리 몸을 잡아당기는 것이 같다는 생각에 다다른다. 그리고 이 사고 실험을 통해 가속도와 중력이 같은 것이라는 사실을 깨달았다.

다 모두 같은 이야기다.

나중에 아인슈타인은 이것이 가장 행복한 생각이었다고 말한다. 그건 가속도와 중력이 같은 것이라는 깨달음이었다. 중력이 가속도와 같은 것이라면 이제 중력의 문제는 가속도의 문제로 풀면 된다.

떨어지는 것은 무엇일까? 지구와 내가 잡아당기기 때문이라고 말한 뉴턴의 답은 다시 원점으로 돌아왔다.

가속이라는 골치 아픈 문제

아름다운 낙하를 보여주는 다이빙을 본 적이 있는가? 아름다움에 중점을 둔 그 순간엔 떨어지는 이유가 별로 중요하지 않다. 왜 떨어질까. 질문은 단순하지만 이것을 푸는 과정은 뜻밖에도 복잡했다. 이것을 설명하는 데 아인슈타인은 무려 9년이나 보냈다. 오류와 실패를 거듭한 9년이었다.

자유낙하를 하게 되면 중력을 느낄 수 없다. 즉 어떤 사람이 낙하한다면 자신의 무게를 느끼지 못할 것이다. 이때 중력의 영역은 사라진다.

1909년 아인슈타인은 베른의 특허국을 그만두고 취리히로 향했다. 아인슈타인은 스위스 연방공과대학에서 박사학위를 받았는데, 이 대학의 이론물리학과 부교수로 채용됐던

자유낙하를 할 때 중력을
느낄 수 있을까.

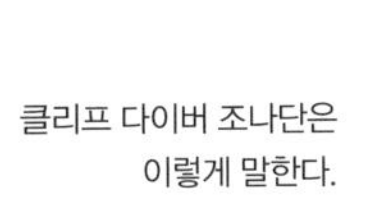

클리프 다이버 조나단은
이렇게 말한다.

"다이빙을 할 때는
높이도, 중력도
느낄 수 없다.
아무것도 느낄 수 없다.
자유낙하만 존재한다.
그게 전부다.
아무것도 없다."

것이다. 조교 자리 하나 때문에 아쉬운 소리를 하던 시절도 있었는데, 부교수로 채용되면서 그는 이제 오로지 물리학에만 집중할 수 있게 되었다. 2년도 안 되는 이 기간에 그는 무려 17편의 논문을 썼다. 그러나 중력에 관해서는 쓰지 않았다. 물론 머릿속은 복잡했을 것이다.

아인슈타인의 고민을 짧게 정리해보고 가겠다. 가속 문제는 꽤나 골치 아팠다. 속력이 바뀌거나 방향이 바뀌면 가속운동이다. 원운동은 대표적인 가속 운동이다. 진행하는 물체에 힘을 가하는 것을 가속 운동이라고 하는데, 원 위의 점은 끊임없이 방향이 바뀐다.

원 둘레는 지름의 약 3.14배다. 어떤 원이든 이 비율은 변하지 않는다. 이 비율을 파이(π)라고 한다. 이 원을 선분의 연결로 보고, 선분 하나하나를 열차라고 생각해보자. 아인슈타인은 특수상대성이론에서 속도가 빨라지면 다른 관찰자가 보기에 그 길이가 짧아진다고 했다. 그러면 열차가 빨리 돌면 특수상대성이론에 의해 길이가 짧아질 것이다. 빠르면 빠를수록 원래 길이보다 짧아진다. 원의 지름도 변하지 않았고, 파이값도 그대로인데 왜 달리는 열차의 길이, 즉 원 둘레는 줄어들까. 달리는 원의 둘레는 점점 줄어드는데, 원의 지름은 줄어들지 않았다. 원주 공식 $2\pi r$에서 r이 변하지 않았다면, 이것을 설명할 수 있는 유일한 방법은 파이값밖에 없

원을 가속도로 도는 열차를 관찰자가 보면,
원 둘레의 길이가 짧아진다.
특수상대성이론에서 속도가 빨라지면
관찰자가 보기에 그 길이가 짧아지는 것이다.

원 둘레는 줄어드는데,
지름은 줄어들지 않는다.
파이값도 그대로이다니,
과연 어떻게 된 것일까?

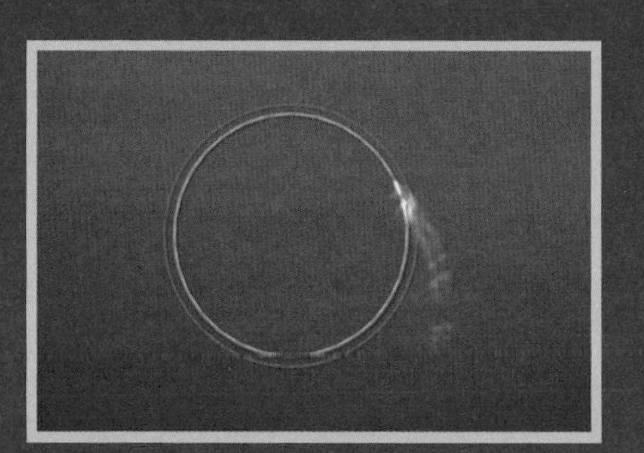

아인슈타인은 절대
변하지 않을 것이라
여겨지는 파이값에
의구심을 품는다.

다. 지름은 변하지 않으니 파이값이 바뀌어야 하는 것이다! 과연 어디서 잘못된 것일까? 파이값은 인류가 오랫동안 추적해서 찾은 변하지 않는 값이다. 사실, 이 고민을 아인슈타인만 한 게 아니다.

메카는 어느 쪽에 있는가

1953년 미국 수도 워싱턴에서도 아인슈타인의 고민이 현실로 발생했다. 워싱턴에는 이슬람 사원이 하나 있는데, 이 사원이 지어질 때의 이야기다. 이슬람 신자들은 하루에 5번씩 기도를 한다. 이것은 세계 어디에 있더라도 반드시 지켜야 하는 계율이다. 이 사원을 지을 때도 이슬람교에 대한 미국의 시선은 곱지 않았다. 아주 힘들게 건축 허가를 받아 사원을 짓게 되었는데 문제가 생겼다. 기도하는 방향 때문이다. 이슬람교는 기도를 할 때 아무데나 대고 기도하는 게 아니라 정해진 방향이 있는데, 그 방향에 의견이 갈렸다.

네가 키블라를 찾기 위해 이리저리 얼굴을 돌리고 있다는 것을 안다. 그리고 신은 그에게 말했다.

우리는 너를 키블라(예배의 방향)로 나아가게 하고, 너의 얼굴을 메카의 중심, 모스크로 향하게 하리라. 네가 어디에

건물을 방향을 놓고 논쟁이 일었던 미국 워싱턴의 이슬람 사원(위)과
그 설계도(아래). 설계도를 보면 사원은 북동쪽을 향해 있다.

있든지 네 얼굴을 키블라로 향하게 하라.

– 코란 2장 144절

"네가 만족할 키블라로 향하라." 모스크, 그곳은 사우디아라비아의 메카다. 코란의 가르침대로 사원은 메카 쪽을 향해 설계되었다. 메카의 방향은 워싱턴에서 북동쪽이라는 판단 아래, 사원이 지어지기 시작했다.

그런데 신도들은 평면 세계지도와 나침반을 꺼내놓고, 나침반의 정북 방향에 세계지도의 북쪽을 맞추면 메카의 방향은 대략 남동쪽을 가리키게 된다는 사실을 알게 되었다. 그런데 설계도는 남동쪽이 아니라 북동쪽을 향하고 있었다. 워싱턴의 북동쪽으로 선을 그어보면 프랑스를 스치다가 러시아 쪽으로 간다. 신도들이 보기에 그곳은 메카가 아니었다. 신도들은 엉뚱한 곳을 향해 기도를 하게 된다고 주장했고, 이것은 격렬한 논쟁으로 이어져 급기야 공사가 중단되기까지 했다. 이슬람 신도들은 남동쪽을 향해 사원을 지어야 한다고 주장했고, 설계자는 계속 북동쪽을 고집했다. 이집트 카이로에 있는 이슬람 본부에 확인을 요청했다. 설계자와 신도들 모두 초조하게 답을 기다렸다. 답은 북동쪽으로, 설계자의 말이 맞았다. 어떻게 된 일일까?

사실 답은 100년 전에 이미 나와 있었다. 1854년 독일 수

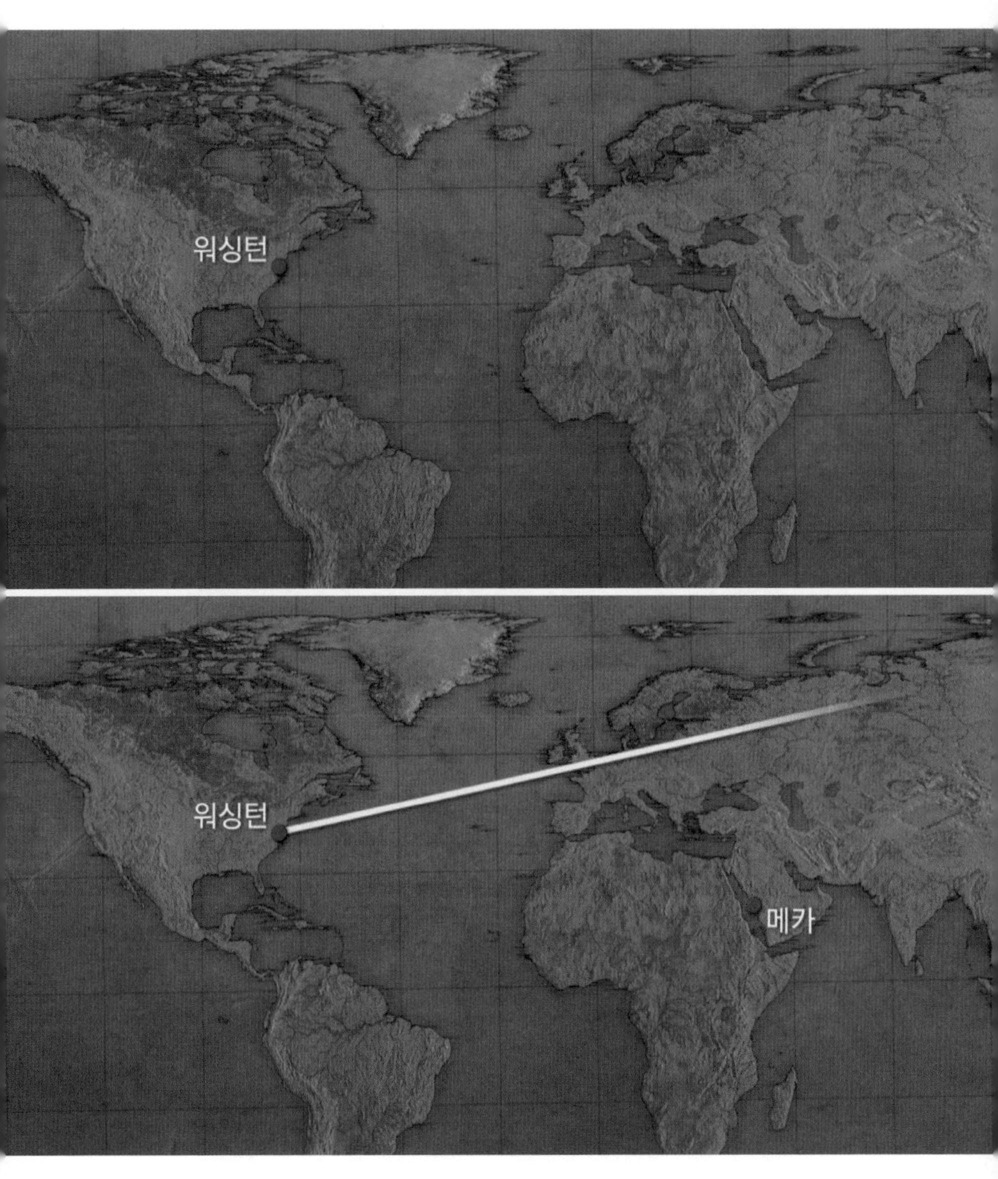

평면 지도에서 보면 워싱턴의 북동쪽은 러시아 부근이다.

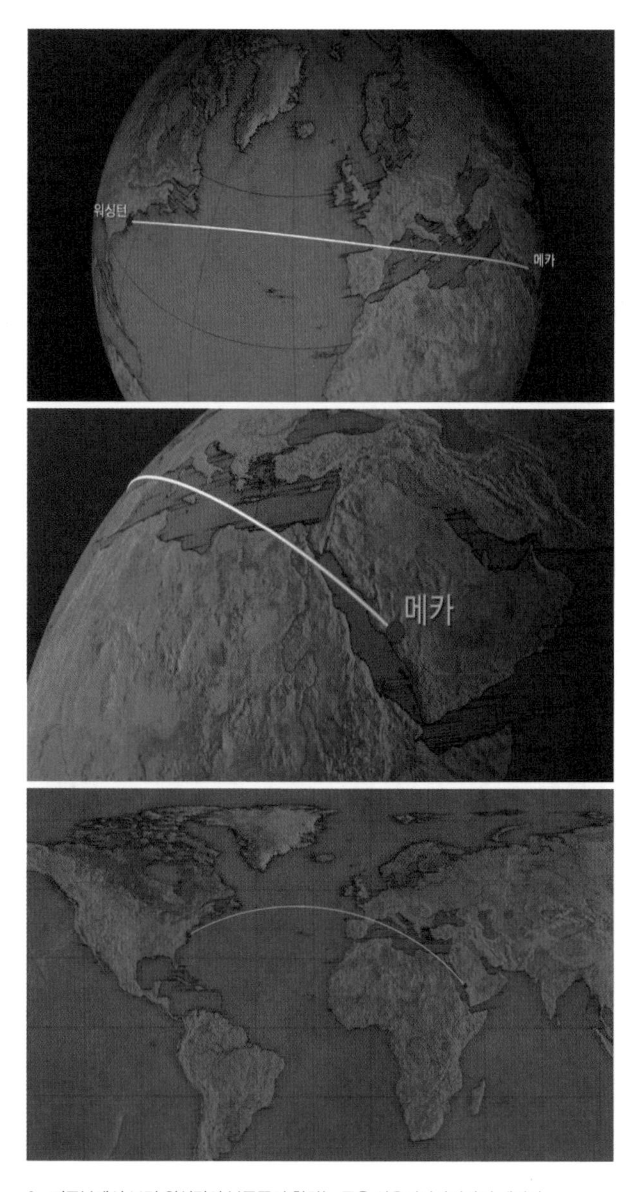

지구본에서 보면 워싱턴의 북동쪽이 향하는 곳은 사우디아라비아의 메카다.

학자 베른하르트 리만Bernhard Riemann, 1826~1866의 논문에 말이다. 리만의 얘기대로 워싱턴 사원의 문제를 풀어보자. 세계 지도는 평면이다. 이 문제를 풀려면 지구본으로 만들어야 한다. 워싱턴에서 메카로 선을 그어보자. 지구본에서 이 선은 북동쪽을 향하고 있다. 그런데 평면에서 보면 북동쪽을 향하던 선이 남동쪽을 향하게 된다. 구에서는 가장 빠른 선이 평면에서는 휘어진다. 북동쪽을 향해 설계된 원래 방향이 정확했던 것이다. 결국 메카를 향한 방향은 평면 지도에서 보면 휘어져 있다. 아인슈타인이 찾던 답도 바로 여기에 있었다.

아인슈타인의 고민이 깊어질 무렵 아인슈타인은 리만의 수학을 친구 마르셀 그로스만Marcel Grossmann, 1878~1936에게서 듣는다. 그로스만은 평소 수학 문제를 많이 도와주는 친구였다. 아인슈타인은 원운동의 문제에 리만의 수학을 적용한다.

유클리드Euclid, B.C. 330~B.C. 275가 말했던 선은 평면 위의 선이었다. 이 평면 위에 두 개의 평행선을 그어놓고, 이 평면을 휘

수학자 베른하르트 리만.
그의 수학적 증명은 아인슈타인이
일반상대성이론을 완성하는 데
결정적인 역할을 한다.

어버리면 이 두 개의 선은 더 이상 평행선일 수 없다. 삼각형도 마찬가지다. 평면에서는 세 각의 합이 180도이지만, 휘게 하면 180도를 넘거나 180도보다 작아진다.

원주율이 3.14라는 것도 결국은 평평한 유클리드 평면에서만 가능한 일이었다. 지구처럼 굽어지면 원주율은 3.14보다 작고, 말안장처럼 휘어지면 원주율은 3.14보다 크다. 원주율은 절대적인 것이 아니라 공간이 휘어진 만큼 변하는 것이었다.

아인슈타인은 답을 찾았다! 원이 가속도로 움직일 때 원주율이 변하는 것은 바로 공간이 휘어지기 때문이었다.

원운동을 하는 열차가 점점 짧아져서 선로를 벗어나게 되는 건 바로 공간이 휘어져 있기 때문이었다. 이렇게 휜 공간에서 파이값은 달라진다. 공간이 휘어져 있다니, 현실에서 이 말을 실감하기가 쉽지 않은 일이다. 어쩌면 우리가 이 시간과 공간에 너무 익숙해 있는 건지도 모른다.

가장 행복한 생각을 떠올린 이후 아인슈타인은 9년 만에 중력에 관한 논문을 작성했다. 그는 특히 리만의 수학을 특수상대성이론과 결합시키는 데 애를 썼다. 여기에 비하면 특수상대성이론은 어린아이 장난 같았다고 아인슈타인은 회고했다.

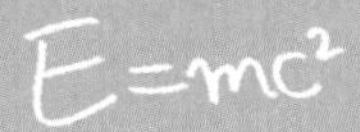

천재 수학자 리만의 증명

리만은 유클리드가 수학계의 기본원리라고 불렀던 제5공리의 오류를 증명한 천재 수학자다. 유클리드의 공리는 2000년 넘게 수학계의 진리라 여겨지던 것으로, 제5공리는 '한 직선과 점이 있을 때 그 점을 지나면서 평행한 선은 하나밖에 없다'라는 공리를 말한다. 이 공리에 따르면 다른 선들은 절대 평행이 될 수 없다. 리만은 이것이 틀렸다는 것을 증명했다. 절대 진리를 깨뜨린 사건이었다. 이런 리만의 증명은 아인슈타인이 고민했던 원 둘레에 관한 문제에도 해답을 주었다.

종이 위에 나침반을 놓고, 나침반을 정북 방향으로 맞춘 다음 가리키는 방향으로 선을 그어보자. 이 선은 정북 방향, 그러니까 북극을 향하고 있다. 그런 다음 선 밖의 점을 지나는 평행선을 긋는다. 처음에 그은 선과 두 번째로 그은 선이 만나지 않으려면, 선 밖의 점을 지나면서 첫 번째 선과 90도를 이루는 선분을 그을 수 있어야 한다. 89도가 되거나 91도가 되어도 언젠가 두 선은 만나게 된다. 실제로 두 번째 선을 계속 연장하면 북극점에서 꼭 만난다. 우리가 딛고 선 땅이 둥글기 때문이다.

북위 38도에 있는 워싱턴에서 북위 21도에 위치한 메카를 바라보려면 약간 남쪽을 향해야 한다고 생각하기 쉽지만, 실제로 메카는 북동쪽에 있다. 실제 우리가 살고 있는 지구는 평면이 아니라 휘어진 면을 갖고 있기 때문이다.

비행기들도 특별한 이유가 없으면 직선으로 목적지를 향해 나아가는데, 그렇기 때문에 비행기의 행로를 평면으로 바꾸면 비행기가 지나가는 모든 선은 휘어진다. 비행기는 직선으로 날아가지만 보는 이에 따라 그 행로가 휘어져 보이는 것이다.

가속도로 나아가는 우주선 속에서 사과를 던지면 아래로 떨어진다.
이 현상은 우주선 바닥이 올라오기 때문에
사과와 바닥이 만난다고 볼 수도 있다.

휘어진 공간

이제부터, 아인슈타인의 생각이다.

아인슈타인의 사고실험을 따라가보자. 땅 위에 우주선이 세워져 있다. 이 안에서 우리는 중력의 영향을 받고 있다. 가속하고 있다는 말과 같다. 저기 또 하나의 우주선이 하늘에서 내려온 줄에 매달려 있다. 줄에 매달린 우주선도 마찬가지로 중력의 영향을 받고 있다. 그러나 우주선을 매단 줄이 끊어지면 상황은 달라진다. 우주선이 땅에 떨어지기 시작하면 자유낙하하는 우주선에 중력이 사라진다.

중력이 사라진 공간에서 사과를 밀면 사과는 직선으로 움직인다. 이 우주선 상태는 무중력의 우주에 있는 것과 같다. 지구로 떨어지는 무중력 비행기 안의 사과를 땅 위의 우주선에서 바라보면 어떻게 보일까. 땅 위에서 보면 사과의 궤적은 땅 쪽(중력 방향)으로 휘어진다. 보는 시점에 따라 사과가 운동하는 궤적이 달라지는 것이다. 이제 두 우주선이 지구를 벗어났다고 하자. 두 우주선이 모두 우주에 있다. 우주선이 지구를 벗어나면 우주에 있더라도 우주선 내부의 상태에는 변함이 없다. 그러면 가속도로 나아가는 우주선 안은 어떨까? 창밖으로 우주가 보일 뿐 우주선 안은 변함이 없다. 우주선이 가속도로 진행하고 있기 때문이다. 땅 위에 있을 때와 똑같다. 여기서 무중력 상태에 있는 우주선을 바라본다면 어

땅 위에 우주선이
세워져 있다.
우주선의 모든 것은
중력의 영향을
받고 있다. 저기 또
하나의 우주선이
하늘에서 내려온
줄에 매달려
있다. 줄에 매달린
우주선도 중력의
영향을 받고 있다.

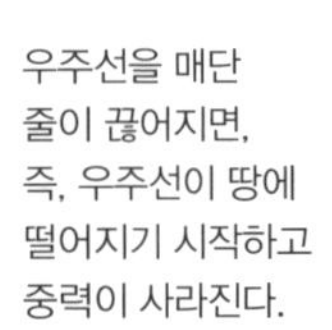

중력이 사라진 공간에서 사과를 밀면 사과는
직선으로 움직인다. 이 우주선 상태는
무중력의 우주에 있는 것과 같다.

그러나 이렇게 움직이는 사과를 가속도로 움직이는 우주선에서 관찰하면 사과가 곡선으로 움직이는 것처럼 보인다. 빛도 마찬가지로 휘어져 보인다. 중력이 있는 공간은 모든 물체를 휘게 한다.

떨까? 무중력 상태의 우주선 안에서 사과를 밀면, 무중력이기 때문에 당연히 사과는 앞으로 나아간다. 그러나 가속도로 움직이는 우주선에서 보면 다르다. 중력의 영향을 받는 것과 같은 공간, 즉 가속도로 움직이는 우주선에서 관측하면 사과는 곡선을 그린다. 그리고 빛도 마찬가지다. 무중력 공간에서 빛을 쏘면 빛은 직진한다. 즉 무중력인 우주선 내부에서 보면 빛은 직진한다. 그러나 가속도로 움직이는 우주선에서 보면 무중력 우주선에서 쏜 빛은 휘어져 보인다.

가속도로 나아가는 우주선 속의 사과는 어떻게 될까? 사과는 아래로 떨어진다. 우주선 바닥이 올라오기 때문에 휘어지면서 떨어진다. 그런데 사실 사과가 떨어지는 게 아니라 공간이 변한 것이다. 빛도 마찬가지다. 빛도 휜다. 중력이 있는 이 공간은 좀전의 가속하고 있는 우주선과 같다.

가속도의 힘이 존재하는 공간, 즉 중력이 존재하는 공간은 모든 물체를 휘게 한다. 다른 말로 하자면, 질량이 있는 곳에서 공간은 휘어진다. 태양 주변도 마찬가지다. 태양 뒤에서 오는 별빛은 직진하고 있지만 휘어진 공간을 따라 오게 된다. 에딩턴이 지구에서 볼 수 없었던 별 사진을 찍은 것도 별빛이 휘어졌기 때문이었다. 중력은 잡아당기는 힘이 아니라 공간이 휘어지기 때문에 생기는 것이다. 아인슈타인의 답이었다.

이 충격적인 이론이 증명되려면 당연히 증거야 있어야 한다. 아인슈타인의 논문은 발표되자마자 얼마 지나지 않아 그 증거가 바로 등장했다.

에딩턴과 휘어져 들어오는 별빛

왜 떨어질까? 이는 지구가 만들어낸 휜 공간이 우리를 가장 자연스러운 길로 인도하기 때문이다. 이것을 알 수 있는 기회는 일식 때다. 일식이 일어날 때 우리는 별빛이 휘어져 들어오는 것을 알 수 있다.

우리 지구에서는 별빛을 볼 수 있다. 그러나 무언가가 가리게 되면 그 별빛을 볼 수 없게 된다. 저기 멀리 있는 승용차 불빛을 별빛이라고 가정해보겠다. 승용차와 우리 사이에 승합차가 끼어들면 승용차 불빛을 볼 수 없다. 이는 별과 우리 사이에 태양이 들어와 별을 가리는 경우라고 할 수 있다. 그러나 승합차와 달리, 태양의 중력은 별빛을 휘게 만들기 때문에 지구에서 그 별빛을 볼 수 있다. 다만 낮에는 밝은 태양빛 때문에 휘어져 들어오는 별빛을 볼 수가 없다. 일식이라는 짧은 순간을 제외하고 말이다.

일식 때 에딩턴은 아인슈타인의 생각대로 명백히 휘어져 들어오는 별빛을 보았다. 1919년 5월 29일, 에딩턴이 찍은 사

에딩턴이 찍은 일식 사진에는 지구에서 볼 수 없는 별이 찍혔다.
이는 별빛이 휘어졌기 때문이다.

진과 논문이 발표되었다. 중력으로 별빛이 휘어진다는 것을 관측한 최초의 자료였다. 에딩턴의 논문은 뉴턴의 시대가 끝나고 새로운 시대가 열렸다는 것을 알렸다. 아인슈타인은 전 세계적인 명사가 되었다. 그리고 그렇게 일반상대성이론은 완성되었다.

별빛은 직진하지만 태양이 공간을 휘게 만들고, 결국 공간을 따라 움직이는 별빛이 지구에 전달되는 것이다. 이것은 무엇을 말하는 것일까?

중력은 공간이 휘어진 것이다. 아인슈타인의 일반상대성이론이 밝혀낸 사실이다. 이 이론은 시간과 공간의 의미를 더 확장시켰다.

일반상대성이론은 특수상대성이론에 바탕을 두고 있다. 특수상대성이론에 따르면 속도가 빨라질수록 상대적인 시간이 느려진다. 거대한 원의 반지름에 여러 개의 시계가 매달려 있다고 한다면, 가장 밖에 있는 시계가 가장 빨리 움직이니 시간은 가장 느리게 간다. 그리고 중심으로 올수록 속도가 느려지니 시간은 빠르게 간다.

가속도가 가장 커서 힘을 많이 받는 곳은 지구 중심에 가장 가까운 곳이다. 중력 가속도는 지구 중심으로부터의 거리의 제곱에 반비례하기 때문이다. 지구 안에 있는 모든 공간도 휘어짐이 다르고 시간이 각각 다르게 간다. 실제 인공위

태양의 중력장으로 별빛이
휘어지는데, 이런 현상을
일식 때 관찰할 수 있다.

성은 지구보다 시계가 빠르게 가기 때문에 그래서 내비게이션의 시계와 맞추기 위해서는 시간을 보정해야 한다.

우주에는 수많은 별과 행성이 있다. 저마다 중력이 작용한다. 결국 우주에는 어떤 공간이든 중력이 미칠 수밖에 없다. 시간이 다르고 공간은 휘어져 있다. 질량을 가진 모든 물체는 주위의 공간을 휘게 만들고, 빛은 그 휘어진 공간 속을 나아가고 있는 것이다. 시간과 공간에 관한 이 마술 같은 이야기는 여기에서 끝이 난다.

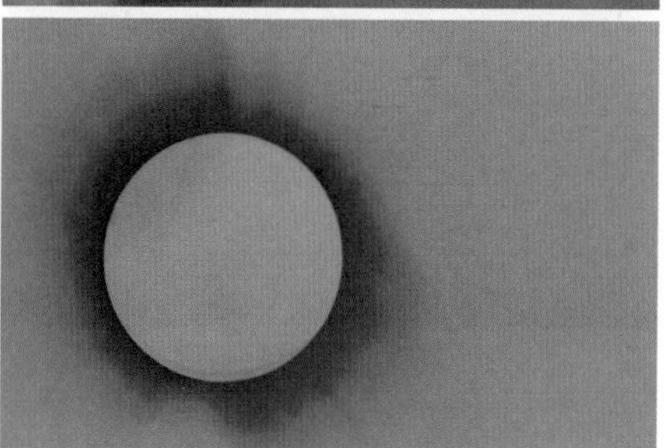

에딩턴이 찍은 일식 사진.

Physics
of the
Light

3

빛의 추적자

intro

인간은 지구 상에서 가장 적극적으로
빛을 만들어 이용하는 존재다.
누군가 저 빛이 무엇이고
얼마나 빠르게 우리에게 오는지 궁금해했다.
거기에서 빛의 과학이 탄생됐다.
빛의 속도로 날아간다면 세상은 어떻게 보일까.
빛은 입자일까, 파동일까.
색은 빛 속에 있는 것일까.
무수한 물음과 답을 향한 걸음들이 세상을 밝혔다.
처음은 한 개의 불빛으로 시작했다.

"빛 역시 전기 현상과 자기 현상을 일으킨다는 결론을
이제는 피할 수 없을 것이다."
– 제임스 클러크 맥스웰

Episode 03

한 노인이 등불을 들고 산을 오른다. 어둠 속에 잠든 산은 노인의 밤중 산행에 뒤척인다. 잘 알고 있던 산길인데도 처음 와본 곳처럼 노인의 발은 자주 돌부리에 걸린다. 정상을 향해 오를수록 숨이 턱까지 차오른다. 노인이 오직 의지하는 것은 자신의 숨소리와 발소리, 그리고 등불이다. 땀이 흘러내린다. 밤하늘의 별들은 손가락 하나도 들어가지 않을 만큼 어둠의

공간을 빈틈없이 채우고 있었다. 그가 시시때때로 관찰하던 별도 그를 지켜보고 있었다. 고요한 산을 뒤흔들며 산을 오르는 그는 일흔 살을 훌쩍 넘긴 과학자 갈릴레오 갈릴레이다. 시대도, 종교도, 그의 등반을 달가워하지 않았다. 등불의 불빛이 얼굴에 일렁거린다. 그럼에도 노인은 멈추지 않는다. 과연 빛은 그에게 맨 얼굴을 보여줄까?

갈릴레오가 몸담았던 이탈리아 파도바 대학.

갈릴레오 갈릴레이.

1905년 기적의 해, 베른의 특허국 심사관 아인슈타인은 특수상대성이론을 발표했다. 그리고 그로부터 11년 후 중력까지 포함시키는 일반상대성이론을 내놓았다. 아인슈타인의 이론은 시간과 공간에 대한 우리의 시각을 변화시켰다. 지금부터 나올 얘기는 그 전의 이야기다. 빛은 우리를 축복하기 위해 저 먼 곳에서 오는 것이라 믿었던 때부터, 20세기 초 아인슈타인이 나오기 전까지 빛을 좇았던 사람들의 이야기다.

갈릴레오의 빛

16세기 말에서 17세기 초, 베네치아는 지금보다 더 활기찬 도시였고, 이탈리아 경제와 문화의 중심지였다. 그때 한 문제적 인간이 파도바 대학의 수학 교수로 부임했다. 1222년에 설립된 이 학교는 이탈리아에서 두 번째, 세계에서는 일곱 번째로 오래된 대학이다. 황금기는 지나 있었지만, 그가 있었을 때도 여전히 파도바 대학은 유럽 과학의 중심이었다. 그는 괴짜 교수였다. 당시 교수들은 분필도 칠판도 없이 설교사처럼 꼼짝 않고 서서 강의했는데 그는 달랐다. 그의 책상 위에 놓인 기하와 군사용 컴퍼스, 진자, 모래시계, 망원경 등만 봐도 그가 얼마나 활동적인 사람이었는지 짐작할 수 있다. 실제로 그는 호기심을 자극하는 곳은 어디든 돌아다니면서 직접 보는 것으로 유명했다. 그는 코페르니쿠스의 지동설 논쟁에 불을 지핀 과학자, 바로 갈릴레오 갈릴레이다. 그는 18년 동안 파도바 대학에 있으면서 학문적으로 가장 큰 성과를 보여줬다.

파도바 대학에 몸담고 있을 때 그는 렌즈 두 개를 겹쳐 망원경을 만들고자 했다. 당시 사람들은 렌즈에 관심이 많았다. 사물을 크게 보이게 하는 렌즈는 곡면 유리 조각으로 만들어졌는데, 처음에는 확대경을 제조하는 데 사용됐다. 그러고 나서 안경 렌즈로 쓰였다.

네덜란드 제조업자들은 멀리 있는 사물을 훨씬 가까이 있는 것처럼 보이게 하기 위해 초점 거리가 긴 대물렌즈와 초점 거리가 짧은 대안렌즈를 조합해 망원경을 만들었다.

갈릴레오는 이미 네덜란드에서 망원경을 발명한 후라서 신경이 더 많이 쓰였다. 네덜란드 것보다 성능이 좋아야 했다. 수학자이자 장인이기도 했으니 못할 것도 없었다. 처음에 갈릴레오는 4배 정도로 확대시키는 망원경을 만들었다. 이에 만족할 리 없었다. 스스로 연구해서 자신만의 렌즈를 만들었다. 1609년 갈릴레오는 배율이 아홉 배인 망원경을 만드는 데 성공한다. 그는 이 망원경의 가치를 금세 깨달았다.

비결은 렌즈의 조합을 다르게 하는 것이었다. 물체의 상은

갈릴레오 갈릴레이는 볼록렌즈와
오목렌즈를 사용해 망원경을 만들었다.

배율이 낮은 볼록렌즈로 잡고 그것을 확대시키는 건 배율이 높은 오목렌즈를 사용했다. 이를 통해 망원경은 높은 배율과 선명한 색상을 얻게 됐다. 갈릴레오는 광장 한가운데에 자리한 종탑에 망원경을 설치했다. 베네치아에서 가장 높은 곳이었다. 망원경이 설치되자, 당시의 공화국 원로들도 줄을 서서 망원경으로 세상을 보았다.

망원경으로 바깥 세상을 바라보면, 물체가 바로 눈앞에 있는 것처럼 보인다. 군인들과 선원들에겐 베네치아 앞바다로 쳐들어오는 적들의 배를 한눈에 볼 수 있어서 이 발명품이 정말 유용했을 것이다. 베네치아 정부와 귀족들에게는 반가운 물건이었다.

그런데 정작 갈릴레오는 이 망원경으로 전혀 다른 것을 본다. 그가 본 건 하늘이었다. 1609년 겨울, 평소보다 차갑고 맑은 밤이 이어지던 어느 날 갈릴레오는 망원경으로 처음 달을 보았다. 1608년 이전까지 천문학자들은 별을 보려고 별별 것을 다 이용했지만 망원경이 가장 훌륭했다. 달은 맨눈으로 보는 것처럼 매끈한 공이 아니었다. 구멍과 돌기가 뒤덮인 울

종탑에 붙어 있는 기념 문구. "갈릴레오 갈릴레이, 1609년 8월 21일 이곳에서 망원경으로 인간 시야의 지평을 넓히다."

1609년 8월 21일의 현장을 그린 그림.
원로 귀족들은 줄을 서서 차례로 망원경을 들여다보았다. 그들은 멀리 있는
풍경이 바로 눈앞에 보이자 깜짝 놀랄 수밖에 없었다.

망원경으로 바라본 풍경.

달의 겉 표면은 매끈하지 않고
울퉁불퉁하다.

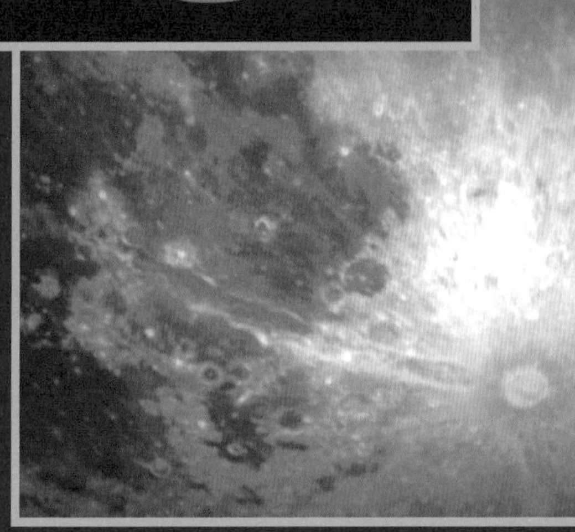

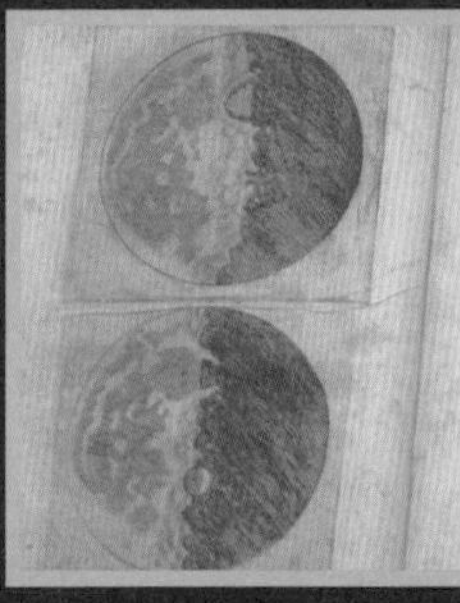

갈릴레오 갈릴레이의
『별들의 소식』에 실린 달 그림

퉁불퉁한 구형이었다. 달의 산과 골짜기는 공작 꼬리에 있는 것과 같은 둥근 반점으로 보였다.

갈릴레오는 이것을 대중에게 공개했다. 달의 실제 모습을 본 사람들의 기분은 어땠을까? 아마 아폴로 우주선이 달에 처음 착륙했을 때 현대인이 받았던 충격, 그 이상이었을 것이다.

1610년 초에는 30배의 확대율을 보여주는 놀라운 망원경이 완성됐다. 이 망원경은 갈릴레오가 평생토록 아끼며 항상 가지고 다녔던 망원경이다.

지금 우리는 망원경의 렌즈가 과거에서 오는 빛을 모아 상을 보여준다는 것을 알고 있다. 그런 식으로 따지면 망원경이야말로 타임머신이다. 과거를 보여주고 있으니 말이다. 그리고 갈릴레오는 망원경을 통해 결정적인 빛을 발견했다.

1610년 1월 7일, 갈릴레오는 목성을 보았다. 목성 주변에 있는 작고 반짝이는 별들이 보였다. 그런데 이상했다. 갈릴레오는 그 별들의 움직임을 기록하기 시작한다. 첫 날엔 목성 동쪽에 세 개의 별이 반짝이고 있었는데, 다음 날엔 별 두 개가 목성 서쪽에 있었다. 갈릴레오는 날마다 그 별들을 관찰한다. 갈릴레오는 처음엔 목성이 세 개의 항성 앞에서 움직인다고 생각했다. 그런데 별이 동쪽에서 떴다가, 서쪽에서 떴다가 안 보였다가 왔다 갔다 했다. 그는 목성이 이동하는 것이라고 생각했지만 이내 아니라는 걸 알아차렸다. 모든 행성이 태양 주위의 큰 궤도를 따라 돌듯이, 어떤 행성은 달이 지구의 주위를 도는 것처럼 행성의 주위를 돌고 있기도 하다.

알 수 없는 별의 움직임은 목성 주변을 도는 달이었다. 네 개의 달이 목성을 따라 태양을 돌고 있었다. 대단한 발견이었다. 갈릴레오는 달이 지구를 따라서 태양 주위를 돈다는 걸 보여주고 싶었고, 목성의 달이 그 증거였다.

갈릴레오는 망원경으로 맨눈으로 보는 것보다 100배나 더 많은 별들을 봤다. 그의 기분이 어땠을지 밤하늘을 보면 짐작이 갈 것이다.

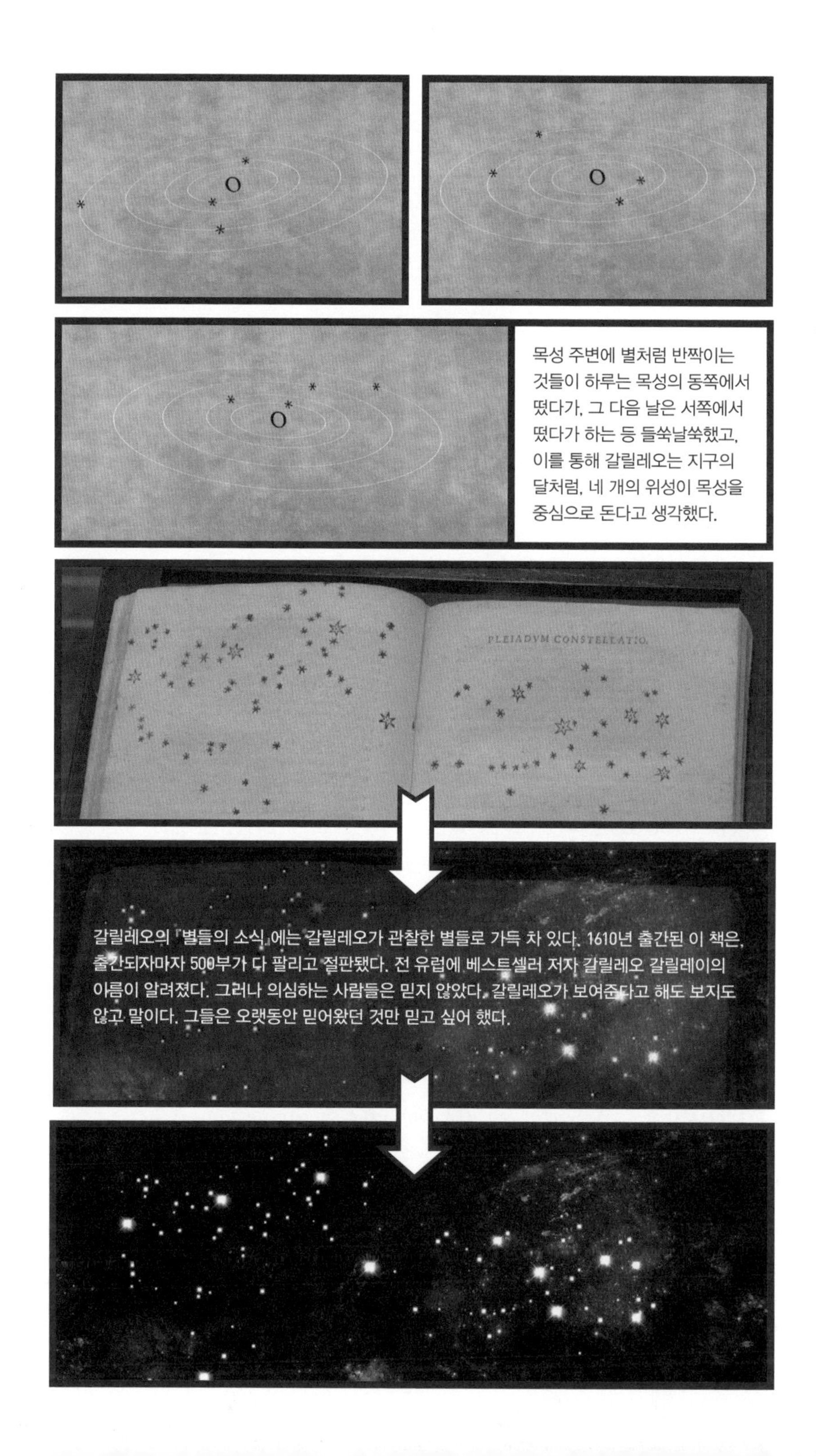

PLEIADVM CONSTELLATIO.
목성 주변에 별처럼 반짝이는 것들이 하루는 목성의 동쪽에서 떴다가, 그 다음 날은 서쪽에서 떴다가 하는 등 들쑥날쑥했고, 이를 통해 갈릴레오는 지구의 달처럼, 네 개의 위성이 목성을 중심으로 돈다고 생각했다.
갈릴레오의 『별들의 소식』에는 갈릴레오가 관찰한 별들로 가득 차 있다. 1610년 출간된 이 책은, 출간되자마자 500부가 다 팔리고 절판됐다. 전 유럽에 베스트셀러 저자 갈릴레오 갈릴레이의 이름이 알려졌다. 그러나 의심하는 사람들은 믿지 않았다. 갈릴레오가 보여준다고 해도 보지도 않고 말이다. 그들은 오랫동안 믿어왔던 것만 믿고 싶어 했다.

빛의 속도를 재는 과학자

빛은 진리요 생명이니……. 당시만 해도 빛은 여전히 천상에 있었다. 어둠을 밝히는 빛은 도처에 있으며 우리가 빛이 있는 곳을 찾아가는 것처럼 느껴지기도 한다. 갈릴레오는 빛이 유한한 존재라고 생각했다. 빛이 어떤 속도를 가지고 우리에게 오는 것이라고 믿었다. 그렇다면 어떤 속도로 우리에게 올까? 갈릴레오는 빛의 속도를 재는 방법을 상상했다. 어떤 학문도 교회의 검열을 피해갈 수 없었던 때, 그의 상상은 어두운 산을 올랐다. 그에게는 확신이 있었다. 빛은 일정한 속도로 우리에게 올 것이다. 빛에도 속도가 있을 것이라며, 말년에 자신의 방에서 상상한 이 실험은 빛에 접근한 인간의 위대한 첫 걸음이라고 해도 과언이 아니다.

어느 어두운 밤, 그는 산에 올랐다. 산꼭대기에 등불 하나를 가지고 섰다. 그는 빛의 속도를 재고 싶었다. 실험은 간단했다. 우리가 어떤 움직이는 물체의 속력(v)을 재려면 거리(s)를 시간(t)으로 나누면 된다. 그는 빛도 그런 방식으로 속도를 잴 수 있다고 생각했다. 건너편 산에도 등불을 가진 조수가 서 있었다. 갈릴레오는 불빛으로 신호를 보냈다. 그 빛을 보고 건너편에 있던 조수가 다시 불빛으로 신호를 보냈다. 그 사이의 시간을 쟀다. 그 사이의 시간으로 거리를 나누면 빛의 속도가 나올 것이다. 그러나 실험을 실패했다. 이렇게 재기에는 빛의 속도가 너무 빨랐기 때문이다. 그래도 한 가지 사실은 분명해졌다. 빛은 순식간에 오는 것이 아니라 어떤 일정한 속도를 가지고 온다는 사실이었다.

갈릴레오 갈릴레이는 두 개의 산 정상에서 빛 신호를 서로 보냄으로써, 빛의 속도를 잴 수 있을 것이라고 생각했다.

속력은 거리를 시간으로 나누면 구할 수 있다. 요즘도 빛의 속도는 이런 방식으로 잰다. 현대 과학으로 측정한 빛의 속도는 1초에 약 30만 킬로미터. 지구를 1초에 일곱바퀴 반 돌 정도로 빠르다. 갈릴레오는 빛이 이렇게 빠를 줄 몰랐다.

번개가 칠 때 주위에 빛이 퍼져나가는 것을 보고 갈릴레오는 빛이 속도를 가진다고 생각했다. 귀에 도달하는 소리보다는 빛이 빠를 것이라고 생각했다. 빛은 지평선에 떠오르자마자 눈으로 바로 들어오니까 말이다. 갈릴레오의 이 사고 실험으로 하늘의 빛이 땅의 영역으로 내려왔다. 성스러운 빛을 과학의 눈으로 보는 사람들이 생겼고 갈릴레오도 그중 하나였다. 그리고 과학의 시선은 빛의 또 다른 본질에 이른다. 그것은 색이다.

뉴턴의 빛

중세가 지나고 서양에서 빛은 더 이상 두려움의 존재가 아니었다. 코페르니쿠스는 수천 년 동안 지구 주위를 돌아야 했던 태양을 원래 자리에 갖다 놓았고, 갈릴레오는 그것을 증명했다. 그렇지만 빛은 여전히 하늘에 있었다.

스테인드글라스 창문으로 빛이 들어오는 것을 본 적이 있는가. 붉은 유리를 통과한 빛은 붉게 보인다. 사람들은 순수

번개가 치는 모습을 보면
빛이 퍼져나가는 것을 볼 수 있다.
갈릴레오는 번개를 보고 빛이
일정한 속도를 가진다고 생각했다.

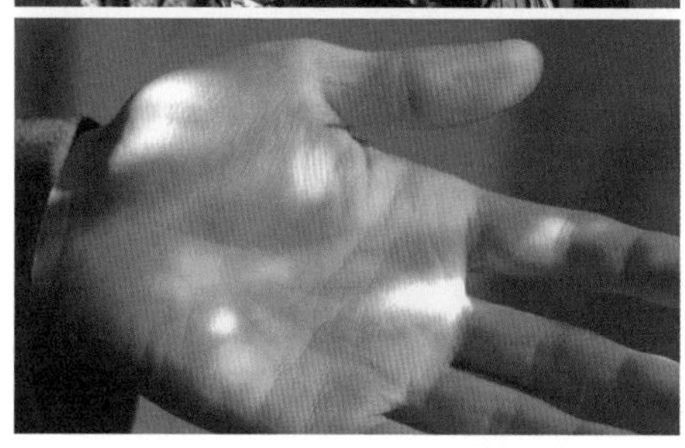

붉은 유리를 통과한 빛은 붉게 보인다. 사람들은 순수한 백색광이 땅에 내려올 때는 여러 가지 사물에 굴절하거나 반사하면서 색깔이 생긴다고 생각했다.

한 백색광이 땅에 내려올 때는 여러 가지 사물에 굴절하거나 반사하면서 색깔이 생긴다고 생각했다. 그러나 어떤 한 과학자는 이런 사실에 의문을 품었다. 빛이 완전히 과학의 영역으로 들어오게 된 것은 이때부터다.

이제, 우리가 만날 과학자는 아이작 뉴턴이다. 1672년 1월 아이작 뉴턴은 반사망원경 발명으로 영국왕립학회 회원으로 선출됐다. 영국왕립학회의 회원이 되는 건 예나 지금이나 자연과학을 하는 사람으로서 아주 큰 영광이었다. 뉴턴의 망원경은 경통 길이가 15센티미터이고 배율은 40배나 되었다. 그의 망원경에는 렌즈 대신 거울이 달려 있다. 빛을 굴절시키지 않고 반사시키는 거울을 단 것이다. 그는 빛을 연구하다가 이 망원경을 만들게 됐는데, 망원경에는 뉴턴이 쏟아부었던 과학의 모든 것이 들어 있었다. 서른 살이라는 비교적 젊은 나이에 왕립학회 회원으로 선출된 것은 사실상 광학이라는 새로운 이론 때문이었다.

망원경은 빛의 과학이 집약된 물체다. 망원경 렌즈는 빛을 굴절시키거나 구부려서 초점을 모은다. 그러니까 빛을 잘 알아야 망원경을 만들 수 있다. 뉴턴은 빛을 추적하다가 어떤 사실을 발견하고 난 뒤, 렌즈를 만드는 일에서 손을 뗀다. 그는 과연 무엇을 발견했던 것일까?

빛은 진공 속에서 1초에 약 30만 킬로미터라는 엄청난 속도로 나아간다. 그러나 언제나 그렇진 않다. 물속에서는 초속 23만 킬로미터로 감속한다. 렌즈에 쓰는 석영에서는 초속 21만 킬로미터까지 감속된다. 그래서 빛이 석영으로 만든 렌즈를 통과하게 되면 속력이 느려져 빛의 굴절이 나타난다. 갈릴레오가 만든 굴절 망원경은 이런 빛의 굴절 원리를 이용한 것이다.

그런데 뉴턴은 렌즈 대신 망원경에 거울을 도입한다. 거울은 빛을 반사하는 물체다. 뉴턴은 왜 그런 모색을 했을까? 지금부터 그 이야기를 하려고 한다.

영국왕립학회에
전시되어 있는
아이작 뉴턴의
망원경.

뉴턴은 빛을 연구했다. 지금 우리는 어둠이 단지 빛의 부재라는 것을 알지만, 17세기만 해도 빛과 어둠이 각각 따로 존재하는 것인지, 아니면 함께 존재하는 것인지 아무도 몰랐다.

어둠과 빛이 혼재해 있던 시절, 대학 휴교령 때문에 하는 수 없이 뉴턴은 울즈소프 고향에 내려와 있었다. 고향집은 혼자 생각하고 실험하기에 딱 좋은 곳이었다. 그 무렵 그는 온통 빛에 마음을 빼앗기고 있었다. 빛을 연구하는 데 자신의 몸을 아끼지 않았다. 뜨개바늘을 눈과 뼈 사이로 집어넣어 최대한 눈 뒤쪽까지 밀어 넣는 위험한 짓도 감행했다. 빛이 만드는 색을 구별하는 게 압력 때문이라고 생각해서였다. 색은 정말 왜 생기는 것일까?

사과는, 여러 가지 색깔이 있지만, 대개 붉은 색으로 보인

: 울즈소프에 있는 뉴턴의 생가.

햇빛 속의 사과는 빨간색으로 보이지만, 해가 지면 사과는 빨간색으로 보이지 않는다.

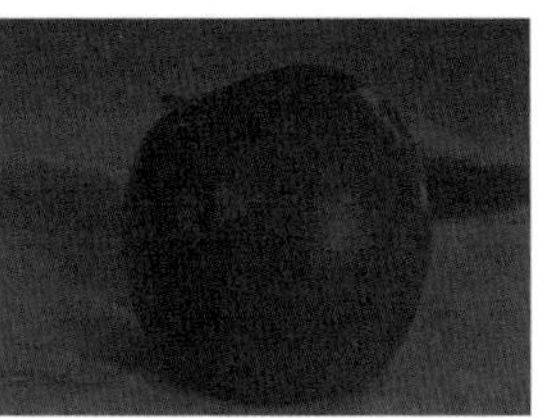

다. 그러면 사과는 왜 붉은 색일까? 아리스토텔레스는 사과 안에 붉은 색이 있다고 생각했다. 데카르트는 사과 안에 붉은 색이 있는 것이 아니라 저 흰색 빛이 사과에 닿는 과정에서 변형이 생긴 것이라고 생각했다.

빛은 뉴턴뿐 아니라 아주 오래전부터 현자들의 마음을 유혹하는 소재였다. 빛을 연구해온 역사는 꽤 길다. 맨 처음 빛에 대해 본격적으로 논한 학자는 엠페도클레스Empedocles, ?B.C. 490~?B.C. 430이다. 엠페도클레스는 눈에서 빛이 나오기 때문에 우리가 사물을 볼 수 있다고 했다. 아리스토텔레스는 사물 안에 색이 들어 있어서 빛이 없어도 존재한다고 생각했다. 무지개 같은 겉보기 색깔은 빛과 어둠이 섞여 만들어진다는 변형 이론을 주창하기도 했다. 빨간색은 백색광에 어둠이 약간 첨가된 것이다. 또 빛이 어둠에 완전히 덮이기 직전의 마지막 단계가 파란색이라고 생각했다. 수학자 유클리드는 빛이 직선으로 진행한다는 걸 알아냈다. 그리고 멀리 있는 물체가 가까이 있는 물체에 비해서 상대적으로 작아 보

엠페도클레스, 아리스토텔레스, 유클리드, 알하젠, 데카르트는 등
인류 역사상 뚜렷한 족적을 남긴 많은 위대한 학자들이 빛을 연구했다.

이는 까닭은 눈에서 나온 빛이 직선으로 진행하고 있기 때문이라고 생각했다. 이집트에서 공부한 아라비아 학자 알하젠Alhazen, ?965~?1039은 빛이 우리 눈에서 나오는 것이 아니라 물체가 빛을 반사한다는 사실을 밝혀냈다. 르네 데카르트René Descartes, 1596~1650는 색이란 빛이 물체에 닿았을 때 변형이 돼서 생긴다고 했다. 이렇게 시대에 따라, 학자에 따라 빛과 색에 대한 생각이 달랐다.

뉴턴 시대에 빛은 아무것도 섞이지 않은 순수한 흰색 빛이었다. 순수하고 균질한 빛이었다. 색깔은 흰색 빛에 어둠이 섞여 만들어진다고 생각했다. 그러니까 색은 빛과 어둠 속에 존재하는 무엇이었다.

그런데 14세기 르네상스 화가들은 흰색에 아무리 어둠을 섞어도 색깔이 만들어지지 않는다는 것을 알고 있었다. 뉴턴도 바로 그 부분이 걸렸다. 뉴턴은 한 가지 실험을 통해 아리스토텔레스부터 시작해 데카르트까지 모든 사람들이 빛의 기본 성질을 잘못 이해하고 있다는 사실을 알아챘다. 뉴턴의 이 실험은 1665년 로버트 훅Robert Hooke, 1635~1703이라는 과학자가 펴낸 책에서부터 비롯됐다.

뉴턴이 고향에 내려와 있는 사이, 한 권의 책이 세상을 놀라게 했다. 이 책에는 훌륭한 벼룩 그림이 들어 있었다. 로버트 훅은 빛을 이용해 보이지 않는 작은 것들의 세계를 보여줬고, 사람들은 현미경의 성능에 경악했다. 사람들은 지금까지 보이지 않던 작은 것들의 세계가 발밑에 있음을 알게 되었다. 그러나 이 책은 단순히 현미경에 관한 책만은 아니었다.

뉴턴의 관심은 다른 데 있었다. 데카르트의 빛 실험과 로버트 훅의 빛 실험이다. 데카르트의 빛 실험은 프리즘에 빛줄기를 통과시켜 5센티미터 떨어진 종이 위에 떨어뜨렸더니 빨간색 점과 파란색 점 두 개가 나타난다는 것을 보여주었다. 로버트 훅의 빛 실험도 비슷한 방식으로 이루어졌다. 로버트 훅은 물이 담긴 비커에 빛줄기를 통과시킨 다음 60센티미터 떨어진 종이 위에 투사했다. 훅 역시 프리즘으로 나온 색깔들을 보았다. 그러나 거기서 끝이었다.

데카르트의 빛 실험. 빛줄기를 프리즘에 통과시켜보았더니, 5센티미터 떨어진 종이 위에 빨간색 점과 파란색 점이 나타나 있었다.

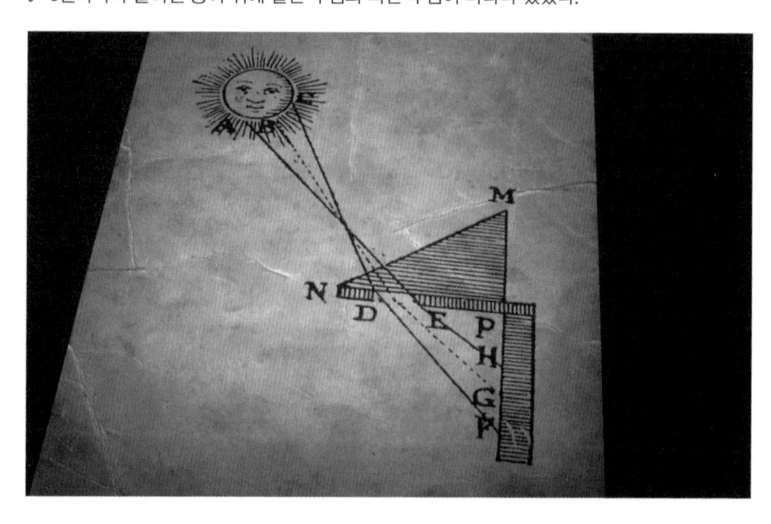

로버트 훅

로버트 훅의 『현미경 도보』(1665). 크리스토퍼 렌이 그린,
현미경으로 본 훌륭한 벼룩 그림이 이 책 속에 실려 있다.

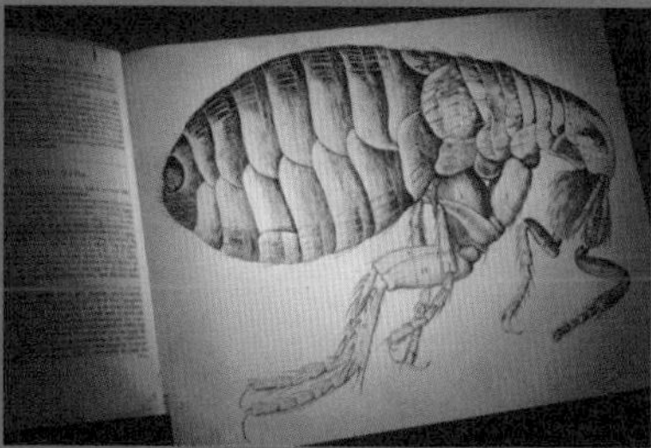

프리즘은 빛을 통과하면 무지갯빛을 내는 아주 신기한 유리로 당시엔 호기심의 대상이었다. 뉴턴도 한번 실험해보고 싶어서 당장에 아주 좋은 삼각 프리즘을 구했다. 당시 뉴턴이 빛에 관해 아는 것이라고는 유리가 빛을 굴절시킨다는 것, 갈릴레오가 30배율의 망원경을 만들어 별과 위성의 움직임을 관찰했다는 것, 프리즘에서 빛깔이 나온다는 정도였다. 딱 그 상태에서 뉴턴은 실험에 들어갔다.

유리창 덧문에 작은 구멍을 뚫어 프리즘을 설치하고, 데카르트와 훅보다 훨씬 먼, 6.6미터 정도 떨어진 벽에 빛을 쏘았다. 넓은 거리로 실험해본 건 정말 행운이었다. 예상 밖의 결과가 나왔다.

덧문에 뚫은 구멍, 프리즘, 스펙트럼이 투사되는 벽, 뉴턴이 이용했던 건 이게 전부였다. 색깔들은 가로로 띠를 이루고 있었는데 한쪽 끝은 파란색이고, 반대쪽 끝은 붉은 색이었다.

이전의 과학자였다면 벽에 나타난 무지갯빛에 취했겠지만 뉴턴은 다른 것에 신경이 쓰였다. 바로 빛이 만들어 낸 길쭉한 모양새였다. 둥근 구멍으로 들어왔는데 스펙트럼은 둥근 모양이 아니라, 길쭉했다. 뉴턴은 당장 의문에 사로잡혔다. 길쭉한 스펙트럼이라니! 이것은 처음으로 햇빛이 인류에게 자신의 모습을 드러낸 장면이다. 뉴턴은 그것의 의미를

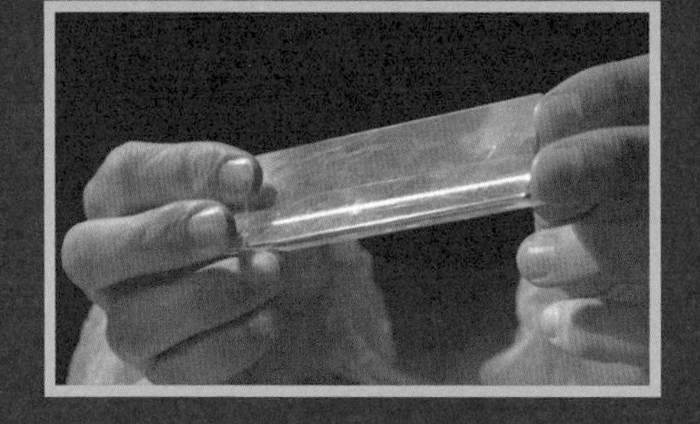

빛이 프리즘을 통과하면
무지갯빛이 나타난다.

뉴턴은 유리창 덧문에
작은 구멍을 뚫어
빛줄기를 프리즘에
통과시켰다.

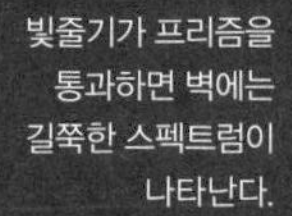

빛줄기가 프리즘을
통과하면 벽에는
길쭉한 스펙트럼이
나타난다.

찾기 시작했다. 프리즘을 큰 것에서 작은 것으로 바꾸고, 얇은 것에서 두꺼운 것으로 바꾸는 등 프리즘과 실험 조건을 수차례 바꾸었다. 2년여 동안 빛에만 몰두했다. 빛이 뉴턴을 잡아당겼다고 해야 옳다. 오랫동안 태양을 쳐다보느라 하마터면 실명할 뻔하기도 했다. 시력을 회복하기 위해 캄캄하게 만든 방에 갇혀 사흘 동안 두문불출 지내기도 했다. 그러다 뉴턴은 어떤 생각에 이르게 되었다. 길쭉한 모양으로 여러 가지 빛을 풀어내는 저 빛은 어쩌면 원형이 모여서 만들어진 것일지도 모른다! 즉 각각의 색깔은 원형의 광선이지만 그것이 모여서 길쭉한 스펙트럼을 만든다는 것이다.

뉴턴의 빛에 관한 생각은 아이들이 갖고 노는 스프링 장난감과 비슷했다. 그러니까 각각의 색은 모두 모이면 동그란 모양의 빛인데 그것이 퍼지면 스프링 장난감이 용수철이 늘어지듯 펼쳐진 모양이 되고 하나의 빛으로 합쳐지면 스프링 장난감이 가지런히 합쳐진 듯한 모양이 된다고 생각한 것이다.

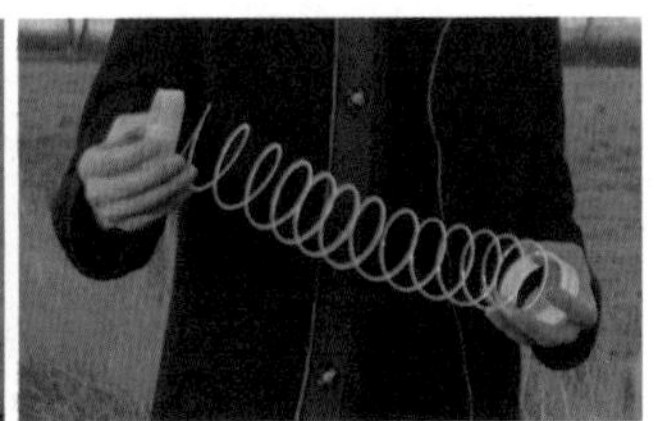

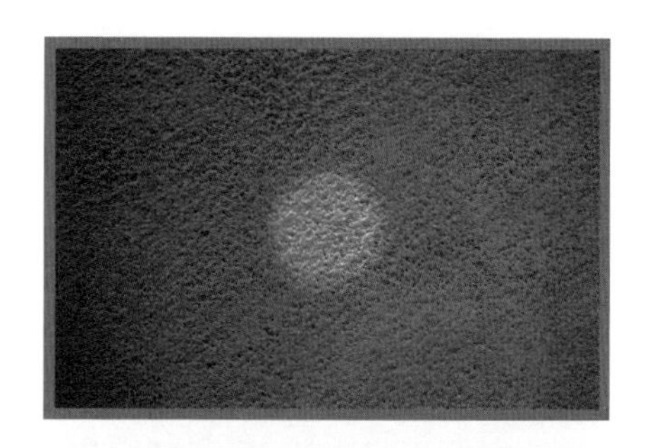

뉴턴은 빛이 아이들이 갖고 노는 스프링 장난감과 비슷하다고 생각했다.
색이 모여 있을 때는 동그란 모양의 빛이지만,
빛이 퍼지면 스프링 장난감을 잡아당겼을 때처럼 빛이 펼쳐진다.

빛이 하나였다가 여러 개로 퍼진다는 말이다. 동그란 흰색 빛을 분해하면 여러 가지 원형의 색깔이 나오는데 그게 길쭉한 스펙트럼을 만든다는 것이다. 그것이 뉴턴의 생각이었다. 색은 정말 어디에 있는 것일까? 색은 프리즘을 통과하면서 생기는 것일까, 아니면 프리즘을 통과하기 전 빛 자체에 있는 것일까. 성격상 생각만 하고 넘어갈 뉴턴이 아니다.

뉴턴이 쓴『광학』에 실험 방법이 나와 있다. 그는 이 실험에 결정적 실험이라는 이름까지 붙였다. 그 실험이란 이런 것이다. 덧문 틈으로 들어온 흰색 빛이 프리즘을 통과해 3.6미터쯤 떨어진 판자에 떨어지게 한다. 그러면 가로로 길쭉한 모양의 스펙트럼이 나온다. 뉴턴은 여기에다가 새로운 단계를 덧붙인다. 판자에 구멍을 뚫어 그중 빛 한 줄기를 잡아서 두 번째 프리즘을 통과시켜 다른 벽에 떨어지게 한다. 빛 한 줄기는 처음 굴절할 때나 나중에 굴절할 때나 똑같은 굴절률을 보인다. 프리즘 때문이라면 두 번 프리즘을 통과한 색은 굴절률이 달라야 할 것이다. 하지만 첫 번째 프리즘에서 나타났던 파란색의 굴절 각도는 두 번째 프리즘에서도 똑같이 나타났다. 그러니까 일정한 굴절률을 가진 빛은 항상 한 가지 색상을 가졌던 것이다. 파란색은 프리즘과 상관없이 파란색이고, 빨간색도 프리즘과 상관없이 빨간색이다. 그는 이것의 의미를 확신했다.

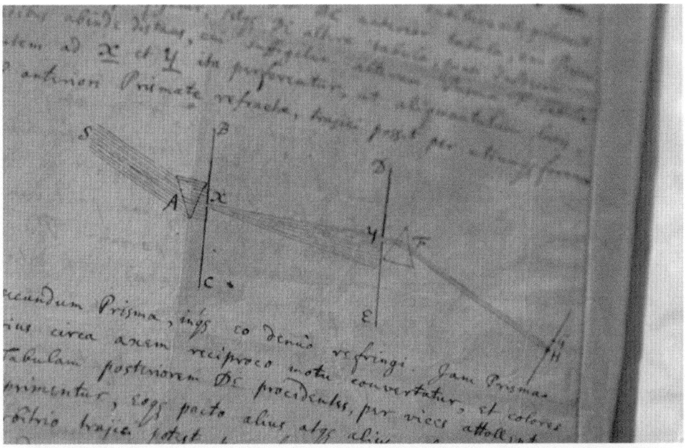

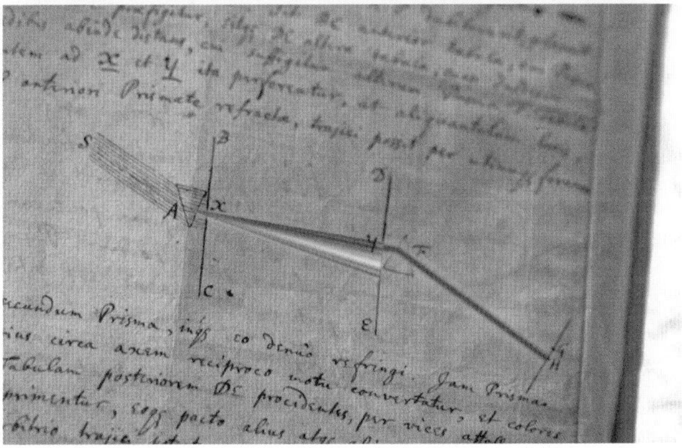

뉴턴이 결정적 실험이라고 말했던 프리즘 실험.
뉴턴은 첫 번째 프리즘을 통과한 빛에서
한 줄기 빛을 잡아서 두 번째 프리즘을 통과시켰다.
그랬더니 그 빛 한 줄기는 첫 번째와 두 번째 프리즘을 통과할 때
둘 다 똑같은 굴절 각도로 통과했다.

사과의 붉은 색은 사과 안에 있는 게 아니었다. 색은 바로 저 빛 속에 있는 것이었다. 빛이 사라지면 이 사과의 붉은 색도 사라져버린다. 빨간색은 사과에 있는 것도 아니고, 프리즘에 빛이 닿아서 변형된 것도 아니었다. 바로 빛 속에 있었다. 어두워지면 사과의 빨간색은 사라져버린다.

뉴턴은 프리즘을 놓고 빛을 바라보았다. 빛 속에 색깔이 들어 있었던 것이다. 백색광 속에는 모든 색깔들이 혼합되어 있으며, 각 색깔들은 고유한 굴절률을 갖고 있었다. 당시에는 믿기지 않는 사실이었다.

빛의 성질을 깨달은 뒤 뉴턴은 렌즈 만들기에서 손을 떼고 거울이 달린 망원경을 만들었다. 빛의 서로 다른 굴절률을 하나로 맞춰 초점을 잡는다는 것이 어렵다는 사실을 깨달았기 때문이다. 그러고는 빛을 반사시키는 거울을 렌즈 대신 선택했다. 뉴턴의 발견을 당시 사람들은 어떻게 받아들였을까? 색이 빛 속에 들어 있다니! 뉴턴은 자신의 의견이 과학

사과의 붉은 색은 사과 안에 있는 게 아니라, 빛 속에 있다.

자들 사이에 논쟁을 불러일으키리라는 것을 알고는 1672년에서야 빛에 관한 진실을 발표했다. 이미 교수가 되고, 반사 망원경이 동료들에게 인정받은 후였다.

뉴턴의 발표에 유럽 도처에서 이를 반박하는 편지가 뉴턴에게 쇄도했다. 네덜란드 물리학자 크리스티안 하위헌스 Christiaan Huygens, 1629~1695는 뉴턴이 색과 본질의 차이를 보여주지 못했다고 비판했고, 영국 예수회 대학의 노교수 프랜시스 홀(필명 리누스)과 같은 예수회 수사들은 뉴턴의 실험은 잘못된 것이며 이는 해보지 않아도 알 수 있다고 10년 넘게 시비를 걸었다.

편지를 쓴 사람 가운데에선 당대 과학계의 거물이었던 로버트 훅도 있었다. 로버트 훅은 뉴턴이 발표할 때 자신의 실험을 참고했다는 얘기를 하지 않은 것에 불편한 심기를 드러냈다. 비난을 잘 참지 못하는 로버트 훅은 억울한 마음이 들어, 자기 것을 베꼈다고 뉴턴을 공격하기 시작했다. 뉴턴으로 말할 것 같으면, 정당한 비판도 잘 참아내지 못하는 성격이었다. 훅의 비난에 뉴턴은 격분했다.

당시의 풍속대로 이 둘은 편지로 격렬하게 싸웠다. 영국왕립학회는 과열된 두 사람에게 서로 사과의 편지를 쓰라고 요구하기까지 했다.

훅은 할 수 없이 자존심을 꺾고 뉴턴에게 편지를 썼다.

영국왕립학회에 전시된 뉴턴의 『광학』과 망원경.

1676년 1월 20일, 훅은 좀 더 회유적인 어조로 뉴턴에게 개인적인 편지를 보냈다. "당신이나 나나 모두 진리의 발견이라는 똑같은 목적을 향해 나아가고 있다." 훅 치고는 많이 봐준 것이다. 1676년 2월 5일, 뉴턴은 답장을 보냈다. "훅 당신보다 내가 더 멀리 본 것이 있다면 거인의 어깨 위에 서 있었기 때문이다." 거인의 어깨란 고대 그리스인에게 경의를 표할 때 흔히 쓰는 표현이다. 훅은 뉴턴의 표현에 분노했다. 훅은 키가 아주 작고 허리가 구부정했으며 눈 하나는 불툭 솟아 밖으로 튀어나온 남자였는데, 뉴턴이 비꼬아 훅이 거인 축에 끼지 않는다고 얘기한 것을 알아챘기 때문이다. 염증이 난 뉴턴은 빛에 관해 아무것도 발표하지 않겠다고 선언했다. 『광학』이라는 방대한 저서는 1703년 훅이 죽을 때까지 기다렸다가 그 다음 해에 출간됐다. 광학, 이렇게 빛의 학문이 생겼다.

패러데이와 맥스웰의 빛

빛의 뒤를 밟아 18세기까지 왔다. 뉴턴에 와서야 드디어 빛의 정체가 밝혀졌다. 그런데 이건 사실 빛의 일부, 극히 작은 부분에 불과하다. 빛의 나머지는 더 어마어마하다.

빛의 나머지에는 더 놀라운 실체가 담겨 있다. 그건 현대

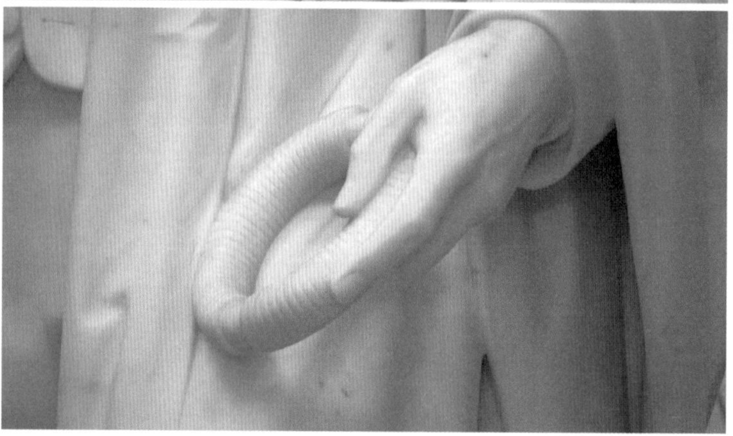

마이클 패러데이. 영국의 과학자 패러데이는 세계 최초로 전동기를 만들었으며,
전자기유도 현상을 발견했다.

문명의 비밀을 담고 있기도 하다. 현대 도시에서는 하늘에서 내려오는 빛이 사라질 무렵, 땅에서 또 다른 빛이 떠오른다. 하나는 대자연, 다른 하나는 인간이 만든 빛이다. 뉴턴이 보았던 빛은 가시광선이었다. 그런데 이것이 빛의 전부가 아니었다. 이는 빛의 나머지를 찾는 과정에서 그 비밀이 밝혀졌다.

19세기 중반 과학자들은 빛의 이동 방향을 바꾸는 또 다른 현상을 찾아냈다. 바로 자석이다. 쇳조각을 끌어당기거나 전류에 작용하는 성질을 자성(磁性)이라고 하는데, 이러한 자성을 지닌 물체가 자석이다. 인류는 이 자석의 성질을 일찍이 알아서 12세기엔 나침반을 만드는 데 사용했다. 빛 이야기를 하다가 왜 갑자기 자석을 이야기하는가, 싶을 것이다. 그러나 빛의 뒤를 밟다 보면 반드시 만나게 되는 것이 자석과 자기력이다. 자석이라는 것은, 생각해보면 참 재미있는 물질이다. 손도 없는데 쇳덩어리 물건들을 끌어당긴다. 도대체 무슨 힘으로 이것을 가능하게 하는 것일까?

자석에 철가루를 뿌려보자. 자석 주변에 철가루들이 독특한 방식으로 정렬한다. 자석이 철가루를 끌어당기면, 이때 철가루는 작은 자석으로 바뀌고, 자기력선을 따라 완벽하게 정렬한다. 철가루가 만들어내는 각각의 선은 옆쪽으로 미는 척력에 의해 이웃하는 선과 간격을 유지한다. 모든 공간에

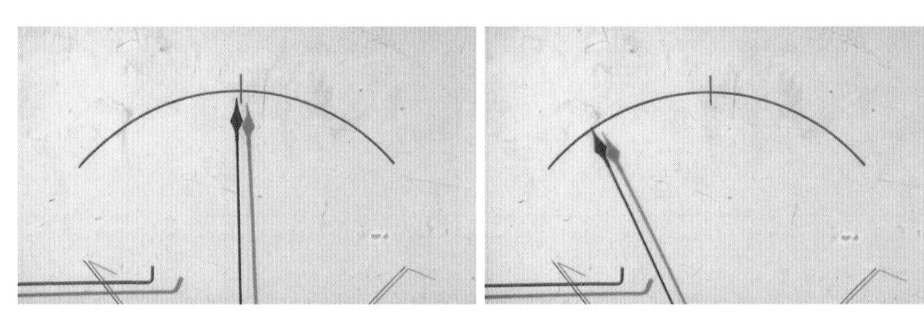

코일에 자석을 출입시키면, 코일에 전원을 꽂지 않았는데도 전류가 흐른다.

퍼져 있는 눈에 보이지 않는 자기력선! 한 과학자는 이 모양을 보고 오랫동안 자석이 작동하는 방식을 놓고 생각했다.

1822년, 마이클 패러데이Michael Paraday, 1791~1867는 실험실에서 자신의 노트에 "전기는 자기로 바뀐다"라는 말을 적어놓는다. 이 말은 당시엔 낙서였지만, 어마어마한 사실을 내포하고 있는 말이었다.

전자기 유도 실험은 아주 간단한 실험이다. 코일 도선에 전기를 연결하면 이 코일은 전자석이 되어버린다. 전류가 흐르고, 이때 자기장이 생긴다. 반대로 코일에 자석을 출입시키면, 전원을 꽂지 않았는데도 전류가 흐른다. 전원을 껐는데도 전류가 흘렀다는 건 고리 모양의 도선을 따라 전기장이 발생하고, 그 전기장에 의해 전자가 움직였다는 뜻이다. 전기는 자기로 변한다. 이 현상이 바로 유명한 패러데이의 전자기 유도 현상이다. 제임스 클러크 맥스웰은 이 사실을 아주 경건하게 받아들였다. 이 상태에서 빠진 건 산술적 표현, 오직 수학뿐이었다.

패러데이에게 자기력선이 있는 자리는 그때까지 빈 공간이었다. 자석 주변에 자기장이 생기고 전기 주변에 전기장이 생기지만 그 현상은 보지 못했다. 마치 저 건물과 건물 사이에 빈 공간처럼 물체와 물체 사이에 놓인, 그냥 텅 빈 공간에 불과했다. 맥스웰은 그 공간을 주시한다.

스코틀랜드 애든버러에 있는 제임스 클러크 맥스웰 생가.

맥스웰 방정식으로 전자기학을 확립한 영국의 과학자 제임스 클러크 맥스웰.
아인슈타인은 맥스웰의 업적을 기려 "그와 더불어 과학의 한 시대가 가고
또 한 시대가 시작됐다."라고 언급했다.

맥스웰은 아무것도 없는 공간에 장의 개념을 도입하고, 몇 가지 수학적 표현을 덧붙인다. 이를 통해 맥스웰은 패러데이의 전자기 유도 현상을 수학적으로 말끔하게 표현해낸다.

$$\vec{\nabla} \times \vec{E} = -\frac{\partial \vec{B}}{\partial t}$$

전기와 자기를 가지고 새로운 세계를 보여줄 맥스웰의 신화는 여기에서부터 시작된다.

전자기 현상의 비밀

열아홉 살에 맥스웰은 케임브리지 대학의 학생이 된다. 여기서 그는 금세 괴짜로 알려졌다. 왜 고양이가 항상 발로 착지하는가를 수학적으로 풀어보려고 했고, 종이가 왜 일정한 방식으로 떨어지는지도 궁금해했다. 그러나 그의 가장 중요한 연구 과제는 빛이었다. 전기와 자기 현상에도 관심을 기울였다.

우리는 빛을 좇아 여기까지 왔다. 그런데 어느새 우리는 빛은 잊고 전기와 자기에 대해 얘기하고 있다. 어쩔 수 없다. 우리는 빛의 본질에 더 가까이 다가가기 위해 전기와 자기에 대해 더 알아봐야 한다. 맥스웰도 그랬다.

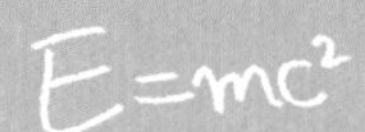

수학적 재능이 남달랐던 맥스웰

모든 아이들이 호기심 덩어리이지만 맥스웰은 특히 더 그랬다. 호기심의 수준이 달랐다. 열네 살에 두 개의 핀과 끈을 이용해 한 무리의 타원체를 그리는 작도법을 고안해냈다. 그냥 타원이 아니라 한쪽이 뭉툭한 계란 모양의 타원을 그리는 건 쉬운 일이 아니다. 먼저 이것을 시도한 사람은 데카르트였지만, 맥스웰의 방법이 훨씬 더 쉽고 간편했다.

맥스웰은 초점 2개에 실을 묶어서 돌리면 타원이 되는데, 맥스웰은 2개의 초점 중 하나의 실을 이중으로 해서 계란 타원 모양의 도형을 그렸다.

맥스웰의 이초점 타원체는 영국왕립학회 학술지에 실렸다. 열네 살 어린 나이에 대단한 일이었다. 이것을 계기로 맥스웰은 과학의 세계에 발을 딛게 된다.

맥스웰이 그린 이초점 타원체.

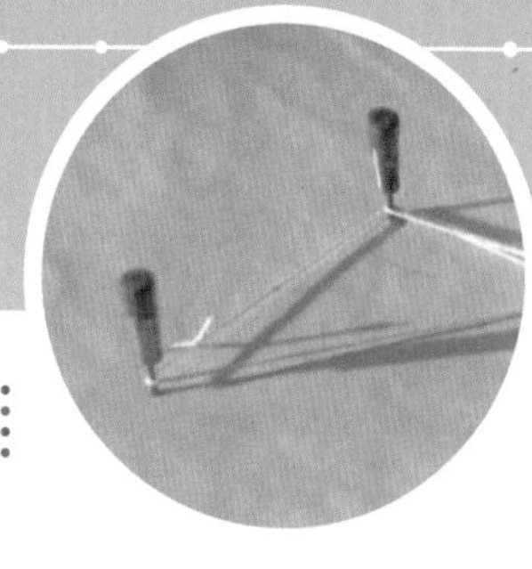

2개의 초점 중 하나의 실을 이중으로
해서 계란 타원 모양의 도형을 그렸다.

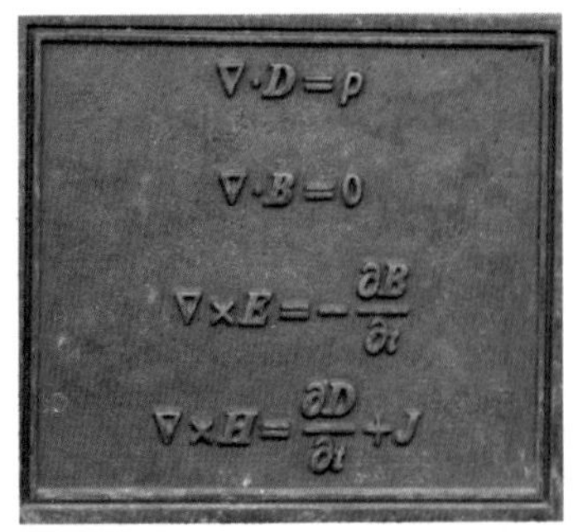

©Wikipedia

맥스웰 동상 뒤에는
가우스 법칙,
자기에 대한 가우스 법칙,
패러데이 법칙,
맥스웰이 수정한 앙페르 법칙,
이 네 가지 맥스웰 방정식이
새겨져 있다.

이전까지 전기와 자기는 전혀 다른, 분리된 현상이었다. 분명히 전기력과 자기력이 서로 영향을 끼치는데 어떻게 움직이는지 아무도 알지 못했다. 맥스웰은 그 힘이 어떻게 작용하는지 알고 싶었다. 그것을 설명하기 위해 맥스웰은 전자기장이라고 하는 가상의 역학적 모델을 만들었다. 그는 물체와 물체 사이의 빈 공간을 주시하고는 그 공간에 가상의 셀이 가득 차 있다고 상상했다. 이 셀은 밀도가 매우 낮지만 아주 작고 밀폐된 구형의 셀이다. 이 셀이 회전할 수 있다면 어떤 일이 벌어질까?

당시 사람들은 아무것도 없는 공간, 즉 빈 공간에 눈에 보이지 않는 에테르라는 물질이 가득 차 있다고 생각했다. 맥스웰은 그것을 회전하는 셀로 상상했다.

맥스웰은 이 가상 모델로 전기와 자기의 상호작용을 설명해보려고 했다. 될 것도 같았다. 지금부터 맥스웰이 생각했던 것을 따라가보겠다.

셀이 회전하면, 가운데가 부풀면서 회전축이 줄어든다. 그리고 점점 빠르게 회전한다. 자기장은 셀의 회전축에 따라 작용한다. 장의 세기는 셀의 밀도와 회전 속력에 의해 결정된다. 그런데 여기에 두 가지 문제가 있었다. 무엇이 셀을 회전하게 만드는지가 설명되어야 했다. 또 다른 하나는 셀이 서로 회전하면 셀의 표면이 맞부딪쳐 서로를 거추장스럽게 문지른다는 것이다. 맥스웰은 이것을 한 가지로 해결해버린다.

빈 공간에 힘이 있으려면 셀이 움직여야 한다. 그래서 맥스웰은 셀 사이에 구형 유동바퀴를 넣는다. 이때의 유동바퀴를 전하(전기 입자)라고 생각해보자. 셀 사이의 경로를 따라 움직이는 전하는 전류를 만들어낸다. 전류가 셀을 회전시킨다.

그런데 한 가지 설명되지 않은 게 있었다. 전하 사이의 힘이었다. 두 개의 전하는 거리의 제곱에 반비례하는 힘에 의해 밀치거나 끌어당기는데 이 셀 모델을 가지고서는 그것을 설명할 수가 없었다. 그는 가상 모델을 버릴 수밖에 없었다. 맥스웰의 실망은 이루 말할 수 없이 컸다.

한동안 맥스웰은 전기와 자기에 관한 한 아무것도 생각하지 않으려고 했다. 그러나 머릿속은 온통 셀로 가득 차 있었다. 그러던 중 어떤 생각이 번쩍 머릿속을 스치고 지나갔다.

하나의 물체처럼 각각의 셀이 회전하려면 작은 셀을 형성한 물질이 탄성을 가지고 있어야 했다. 탄성이란 외부의 힘을 받았을 때 부피와 모양이 바뀌었다가 그 힘이 없어지면 다시 본래의 모양으로 되돌아가는 성질을 말한다. 이 탄성이 여태 설명할 수 없는 전하 사이의 힘의 원천을 설명해주지 않을까?

탄성을 지닌 모든 물질은 파동을 전달한다. 모든 공간에 충만한 셀의 결합체가 모두 탄성을 지녔다면? 그렇다면 셀의 결합체는 파동을 지니고 있을 것이다. 만약 한 쪽에서 교란이 일어나면 어떻게 될까? 셀 하나를 건드려 한 쪽에서 교란이 일어나면 그 움직임은 다른 셀로 퍼져나가 파동을 만든다.

이웃하는 셀을 통해 유동바퀴 한 열에서 일어난 순간적인 흐름은 주변의 유동바퀴 열로 전달될 수 있다. 셀은 그 순간적인 흐름을 잠깐 지연시켰다가 전달하는데 그것은 셀이 관성을 지니고 있기 때문이다. 순간적인 흐름은 잔물결처럼 퍼져나가게 된다. 전기장에서 일어난 어떤 변화는 모든 공간에 파동을 보낼 수가 있다. 이것이 바로 전자기파이다. 맥스웰은 이것을 전자기파 파동이라고 보았다. 아무것도 없는 빈 공간에 어떤 힘의 물결, 곧 전자기파가 생긴 것이다.

맥스웰은 전기력과 자기력이 어떻게
서로 영향을 끼치며 작용하는지 알고 싶었다.
그는 물체와 물체 사이의 빈 공간을 주시하고는,
그 공간에 가상의 셀이 가득 차 있다고 상상했다.
빈 공간에 힘이 있으려면 셀이 움직여야 한다. 그래서 맥스웰은 셀 사이에 전하라는 유동바퀴를 넣는다.
전류가 셀을 회전시키면 어떻게 될까.
한쪽에서 교란이 일어난다.
순간적인 흐름이 잔물결처럼 퍼져나가게 된다. 아무것도 없는 빈 공간에 어떤 힘의 물결, 전자기파가 생겼다.

19세기 중반 맥스웰의 머릿속에만 있던 전자기파는 이제 세상의 거의 모든 공간에 가득하다.

빛은 전자기파다

1850년, 맥스웰이 살던 세상은 전자기파의 존재조차도 몰랐다. 오직 맥스웰의 머릿속에만 있었다. 그러나 150년이 지난 지금 이 세상의 거의 모든 공간이 전자기파로 가득해졌다. 1896년 굴리엘모 마르코니Guglielmo Marconi, 1874~1937는 무선 전신의 시대를 열었는데, 조금 과장해서 말하자면, 지금 우리가 사용하는 모든 무선 기기, TV, 라디오, 리모컨, 핸드폰 등은 이때부터 시작된 것이다.

사실 맥스웰이 발견한 것 가운데 중요한 것이 하나 더 있다. 맥스웰은 전자기파가 나아가는 속도를 계산해보았는데, 믿기지 않는 결과가 나왔다. 맥스웰이 계산한 전자기파의 속도는 대략 310,740,000m/s였다. 초속 31만 킬로미터라니, 익숙한 숫자이지 않는가! 그렇다, 바로 빛의 속도다. 당시 측정됐던 빛의 속도는 초속 31만 킬로미터였다. 맥스웰이 계산한 전자기파의 속도와 빛의 속도가 비슷한 값이었던 것이다. 이

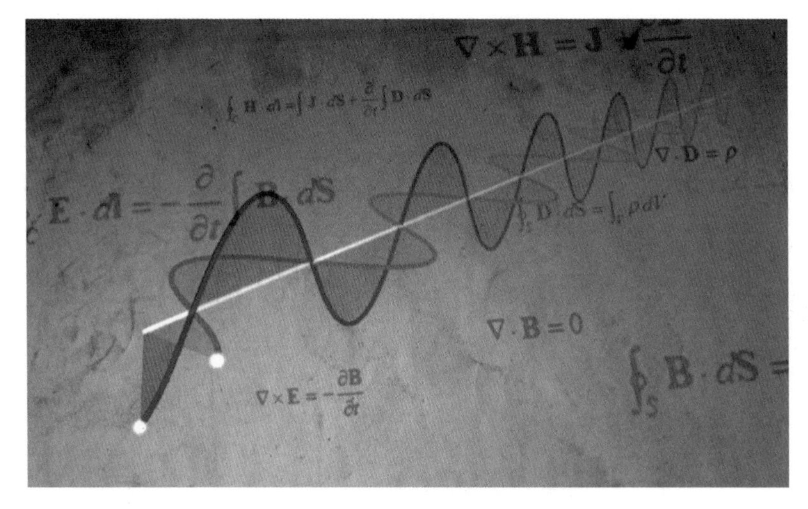

맥스웰은 전자기파의 속도를 계산해보았고, 그 값이 빛의 속도와 같다는 것을 알아챘다.

것은 무슨 뜻일까? 빛과 전자기파가 같은 것이었다. 우리 눈에 보이는 빛은 온전한 모습이 아니고 전자기파의 일부다. 이것이 맥스웰이 내린 결론이었다.

당시 사람들은 믿을 수 없었다. 하늘에서 오는 저 빛과 땅에 흐르는 이 전자기파가 같은 것이라니! 맥스웰의 이론이 완전하게 입증된 것은 그가 세상을 떠난 후인 1888년, 하인리히 헤르츠Heinrich Hertz, 1857~1894가 전자기파(당시에는 헤르츠 파동이라고 불림)를 발견하고 나서부터다. 라디오 주파수에 헤르츠가 붙은 건 그 때문이다.

Electromagnetic radiation

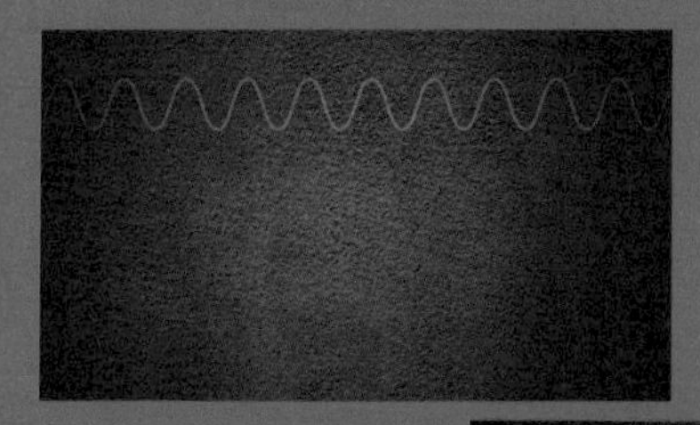

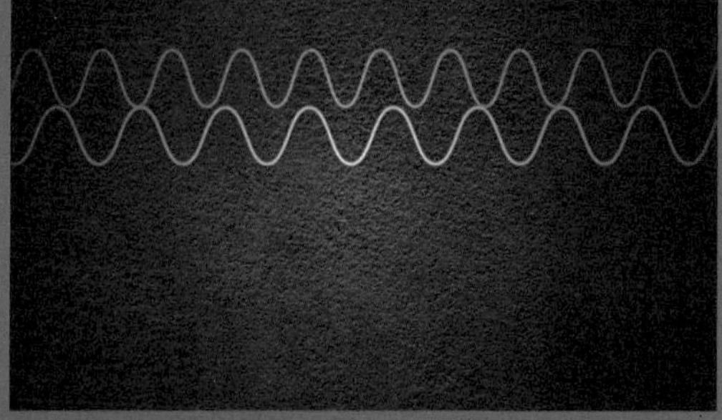

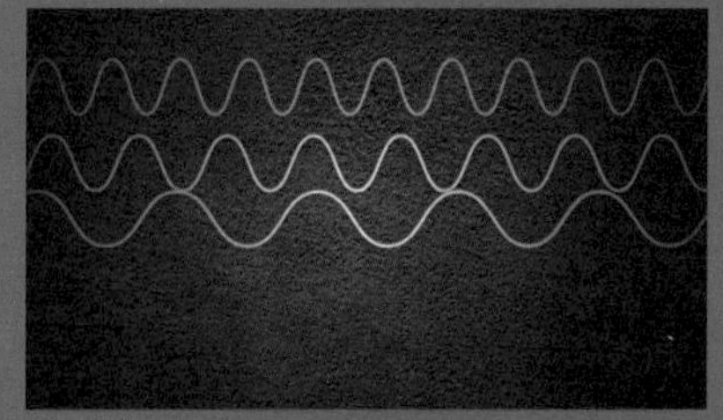

파장이 짧건 길건,
이들 파장은 모두 전자기파의
다른 형태다.

350년 전 빛은 하늘에서 땅으로 내려왔다. 수없이 많은 파장을 가진 빛들이 쏟아져 내려왔다. 그중 극히 일부가 뉴턴에게 비밀을 드러냈다. 뉴턴이 발견했던 빛은 전자기파의 일부였다. 그리고 뉴턴이 봤던 스펙트럼의 색깔은 그 파장이 다르기 때문에 나타나는 것이었다. 뉴턴이 봤던 스펙트럼 한쪽 끝에는 붉은 색이 있는데, 이는 파장이 긴 빛이다. 그리고 파장이 짧아지면서 점차 다른 색깔이 나타나게 된다. 빨강에서 주황으로, 그리고 파랑에서 보라로. 보라는 파장이 굉장히 짧은 빛이다.

빛에 관한 다른 비밀들도 함께 풀렸다. 이를테면, 눈으로 볼 수 없는 빛도 존재한다는 것이 밝혀졌다. 그것은 가시광선의 파장보다 짧거나 길다. 가시광선보다 더 짧은 파장의 빛은 자외선이다. 자외선은 우리의 살갗을 태우는 주범이기도 하다. 파장이 더 짧은 X-선은 인체 근육조직을 그냥 통과한다. 붉은 색보다 파장이 더 긴 적외선은 전자레인지의 어둠 속에서 물건을 데우는 데 쓰인다. 적외선보다 더 긴 파장을 가진 건 전파다. 라디오도 텔레비전도 이 전파를 이용하고 있다. 이 파장들은 모두 같은 것의 다른 형태이다.

우리는 이들 빛에 둘러싸여 있다. 그러면 이렇게 우리에게 온 빛은 어떻게 될까? 한밤중에 방에서 전등을 켜고 있다가 전등을 끄면 순식간에 주위가 캄캄해진다. 빛은 순식간에

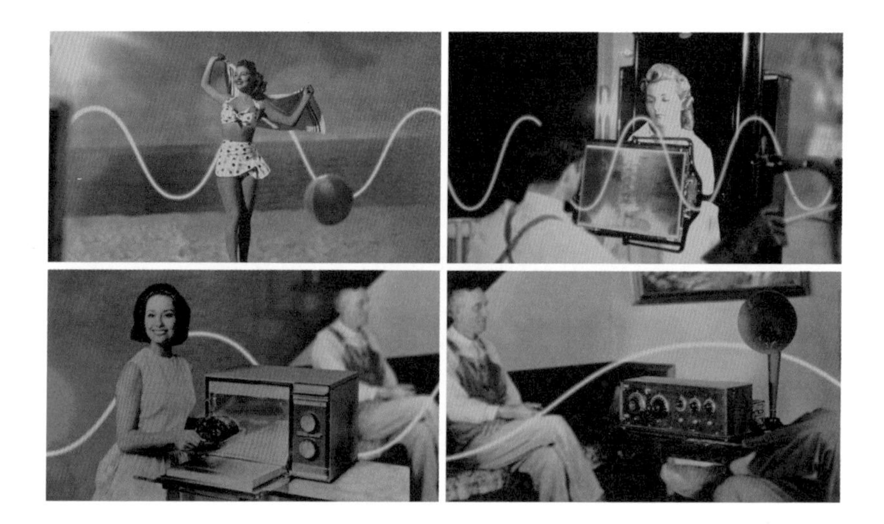

눈에 보이지 않는 빛으로는 자외선, X-선, 적외선, 전파 등이 있다. 눈에 보이는 가시광선보다 파장이 짧은 빛은 자외선과 X-선이며, 가시광선보다 파장이 긴 빛은 적외선과 전파이다.

어디로 가버리는 걸까?

하늘의 빛을 추적하다가 우리는 결국 땅의 빛을 발견했다. 전자기파를 발견한 지 150년, 이제 하늘에 가득했던 빛이 땅에도 가득하다. 이 빛은 이제 우리를 어디로 이끌까? 사람들이 서로 타인을 볼 수 있는 것은 타인이 반사한 빛 때문이다. 일부는 유리창 같은 것을 통해 달아나고, 그중 일부는 저 우주 공간으로 달아난다. 우주에는 지구에 도달하지 못한 빛과 태초에 생겼던 빛들이 함께 떠돌고 있다.

결국 우리는 하늘보다 더 밝은 밤을 땅에 만들었다. 지구에서 인간은 가장 많은 빛을 활용하는 존재다. 우리는 영원히 빛의 속도를 따라잡지 못할지도 모른다. 하지만 문자 메시지나 휴대폰과 같은 도구로 우리는 이제, 빛의 속도로 정보를 전달하거나 받고 있다. 전자기파를 발견한 뒤에 이렇게 된 것이다.

Physics
of the
Light

4 빛과 원자

intro

우리가 살고 있는 곳보다
시간이 천천히 흐르는 곳이 있다.
우리가 아래로 떨어지는 이유는 따로 있었다.
이제부터는 작은 세계다.
어떤 것이 이 세계를 움직일까.

상대성이론과 양자역학!
세계를 양분한 두 개의 물리법칙에
영감을 불어넣은 것이 있다.

빛이다.

"휴지에 **지름이 15인치인 포탄**을 쏘았는데,
그것이 **튕겨나와 나를 맞춘 것처럼**
믿을 수 없는 일이었다."
– 어니스트 러더퍼드

Episode 04

눈이 흩날리는 어느 날, 잠잘 곳을 찾던 한 남자가 불빛을 발견한다. 하루 종일 걸어선지 그는 지칠 대로 지쳤다. 평범해 보이는 듯한 양자여관이 보인다. 프런트에서 열쇠를 받아 방 안으로 들어간 남자는 묘한 기운이 감돌고 있다는 것을 느낀다. 그러나 수상하다는 느낌이 든 건 그저, 좀 피곤해서일 것이라고 생각했다. 목이 말랐다. 이상한 일이 생긴 건 그때부터일까. 컵을 들어 물을 마시려는데 물이 잔에서 옆으로 흘러가고, 급기야 컵조차 사라졌다. 어항 속의 금붕어가

어항을 빠져나와 남자 옆으로 헤엄치며 지나갔다. 치지직, TV가 갑자기 시끄러운 소음을 내며 켜지고, 액자 속의 그림이 바뀌었다. 남자는 갑작스런 일들에 정신을 차릴 수가 없었다. 곧 여관방은 아수라장이 되었다. 넋이 빠진 남자가 벽에 몸을 기대었더니, 남자의 몸이 벽으로 쑤욱 들어가 복도 밖으로 빠져나가버렸다. 이 남자는 어디로 들어온 것일까. 여기는 도대체 어디일까.

What
is
the world
made
of
?

세상은 무엇으로 이루어졌을까. 이것은 아주 오래된 질문이다. 고대 그리스에서부터 시작되어 오늘날까지도 답을 찾지 못한 문제다. 수많은 과학자들이 가설을 만들고 실험했다. 그리고 하나씩 장애물을 넘어 겨우 마지막으로 보이는 문 앞에 서게 됐다.

문명이 시작될 때부터 인류가 가장 알고 싶어 했던 문제의 답은 눈앞에 나타난 듯 보였다. 그러나 그것은 겨우 시작에 불과했다. 문을 열었더니 뜻밖에도 그 문 안에 어마어마한 세계가 들어 있었던 것이다.

원자론은 고대 그리스에서부터 제기되었다. 원자론은 세상이 더 이상 쪼개지지 않는 알갱이로 이루어졌다고 이야기하는 이론이다.

레우키포스Leukippos, ?~?와 데모크리토스Democritos, B.C. 460~B.C. 370는 진공에 원자가 떠 있다고 생각했다. 원자는 더 이상 쪼개거나 만들어낼 수 없는 알갱이다. 그러나 보이지 않는 것이 이 세상을 만든다는 생각은 잘 받아들여지지 않는다. 오히려 눈에 보이는 불, 물, 흙, 공기가 이 세상을 구성한다고 생각하는 게 훨씬 그럴싸해 보였다.

20세기 초까지도 원자는 여전히 눈에 보이지 않았고, 그 세계는 아무도 들여다본 적 없는 미지의 덩어리였다.

세상을 구성하는 기본 입자

유럽입자물리연구소(CERN)는 웬만한 도시 하나 크기 정도의 규모를 가진 연구소다. 둘레가 27킬로미터에 달한다. 여기에 대형강입자충돌기가 숨겨져 있다. 이 대형강입자충돌기는 원자 이하의 세계를 관찰하는 일종의 현미경이다. 역설적이게도 가장 큰 것이 가장 작은 것을 연구하고 있는 셈이다. 내부 터널은 스위스와 프랑스 국경에 걸쳐 있을 만큼 거대해서 자전거를 타고 이동해야 할 정도다. 유럽의 여러 국가들이 기초과학 발전을 위해 만든 이 연구소는 그동안 가설로만 존재했던 이론들을 실험대에 올리고 있다.

CERN에는 연구원들만 7000명이 넘는다. 세계 실험 입자물리학자들의 절반이 넘는 수가 이 연구소에서 일한다. 한 해 예산만 1조 2000억 원이며, 20개 회원국이 이 예산을 공동 부담하고 있다. 이렇게 막대한 예산과 대규모의 인력을 쏟아부은 건, 우주의 최초에 대해 알기 위해서다. 그러니까 이 세상을 만든 최초의 물질, 가장 작은 것이 뭔지 알아보기 위해서 만든 것이다.

유럽입자물리연구소(CERN)에는 프랑스와 스위스 국경까지 걸쳐져 있는 대형강입자충돌기가 설치되어 있다.

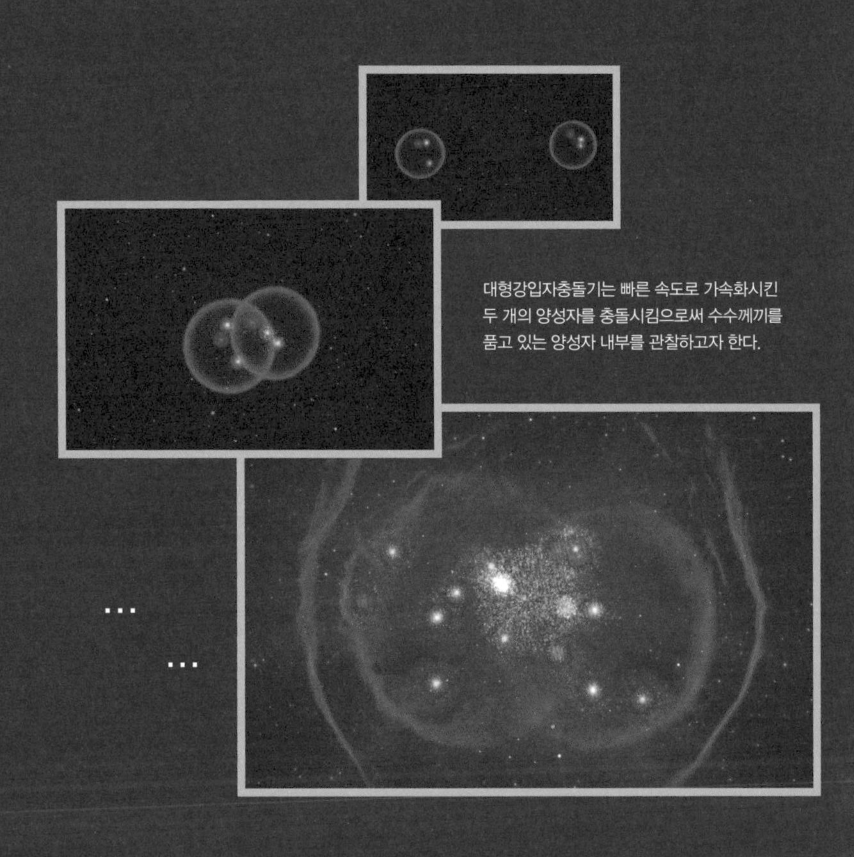

대형강입자충돌기는 빠른 속도로 가속화시킨 두 개의 양성자를 충돌시킴으로써 수수께끼를 품고 있는 양성자 내부를 관찰하고자 한다.

...

...

가장 작은 세계를 들여다보기 위해 만들어진 유럽입자물리연구소, CERN에서 발표한 관찰 결과들은 과연 우리에게 무엇을 보여줄까?

힉스 입자의 발견

$E=mc^2$

CERN의 대형강입자충돌기에서 무슨 일이 일어났을까? 2013년 10월 8일, 피터 힉스Peter Higgs, 1929~ 에든버러 대학 명예교수가 노벨 물리학상 수상자로 선정되자 CERN은 환호성과 함께 샴페인을 터트렸다. 힉스 입자의 발견에 노벨상이 수여되었기 때문이다.

힉스 교수는 1960년대에 현대 이론물리학에서 공들이고 있는 표준모형이 과학적으로 완성되기 위해서는 힉스 입자가 있어야 한다는 가설을 내놓았는데, 그후 50년이 넘도록 힉스 입자가 발견되지 않고 있었다. 힉스 입자의 존재를 놓고 과학자들끼리 내기를 걸기도 했다. 영국의 이론 물리학자 스티븐 호킹 박사가 내기를 건 쪽은 힉스 입자가 없다는 쪽이었다.

그렇게 수많은 물리학자들의 애를 태우던 힉스 입자는 2012년 CERN의 대형강입자충돌기에서의 양성자 충돌 실험을 통해, 99.999994%의 확률로 발견되었다.

이런 힉스 입자의 발견으로, 6종의 쿼크(u, d, c, s, t, b), 6종의 렙톤(전자, 뮤온, 타우온, 전자중성미자, 뮤온중성미자, 타우온중성미자), 힘을 매개하는 입자(글루온, 포톤, $W^{\pm}$ 게이지 보존, Z^0 게이지 보존), 힉스 입자로 설명하는 표준모형은 세상을 구성하는 입자에 대한 이론으로 더욱 설득력을 얻게 되었다.

1803년 존 돌턴John Dalton, 1766~1844은 원자설을 내놓는다. 모든 물질은 더 이상 쪼개질 수 없는 작은 입자, 즉 원자로 돼 있다는 가설이었다. 이것으로 세상은 설명되는 것 같았다. 그런데 그것으로 끝이 아니었다. 빌헬름 뢴트겐Wilhelm Röntgen, 1845~1923은 금속이 원자에 부딪칠 때 나오는 짧은 파장이 손을 투시할 수 있다는 것을 발견했다. 원자는 자꾸 신비한 현상을 일으켰다. 또 마리 퀴리Marie Curie, 1867~1934는 원자 안에서 엄청난 에너지가 계속 나오는 것을 발견했다. 뢴트겐, 마리 퀴리, 이 두 사람은 X-선과 라듐을 발견한 공로로 노벨 물리학상 1~2회 수상자가 되었다.

사람들은 원자 안이 궁금해지기 시작했다. 겉으로 봐선 안이 어떻게 생겼는지 알 수가 없었다. 조심스럽게 원자의 문을 두드리기 시작했다. 사실 원자 세계에 들어가는 건 낙

빌헬름 뢴트겐과 그가 찍은 아내의 손.

마리 퀴리.

타가 바늘구멍에 들어가는 일과 다름없는 일이다. 아니, 오히려 그보다 더 어렵다. 그러나 들어가볼 수는 없어도 상상은 해볼 수 있다.

전자의 발견

곧 20세기가 시작될 무렵, 영국은 세계 물리학의 중심이었다. 그곳에 거장이 한 사람 있었다. 영국 케임브리지 대학의 캐번디시연구소의 수장, J. J. 톰슨Joseph John Thomson, 1856~1940이다. 지인들은 그를 제이제이(JJ)라고 불렀다. J. J. 톰슨은 원

: J. J. 톰슨은 원자 안의 모습을 빵 안에 건포도가 박혀 있는 모습일 것이라 상상했다.

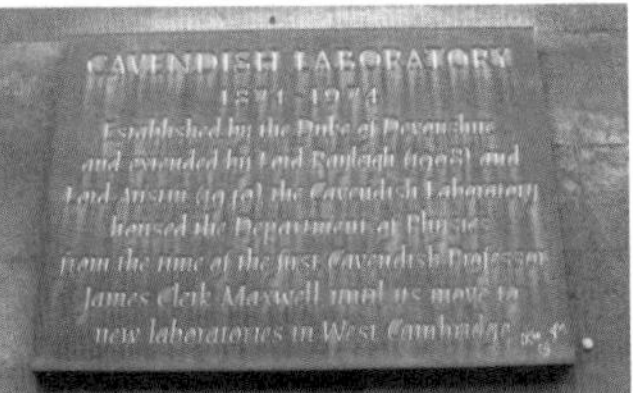

영국 케임브리지 대학의 캐번디시연구소.
이 연구소는 세계에서 가장 유명한 물리학연구소 중의 하나다.

J. J. 톰슨. 1906년 노벨 물리학상을 수상했다.

진공관에 특정 기체를 넣고 강한 전압을 걸어주면 황록색 광선이 나오는데, 이것을 음극선이라고 한다.

음극선에 바람개비가 맞으면 바람개비가 돌아간다.

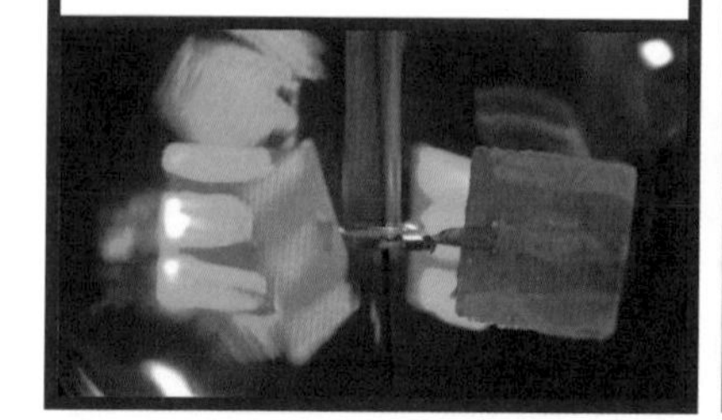

J. J. 톰슨은 음극선이 질량이 있는 입자이기 때문에 바람개비가 돈다고 생각했다.

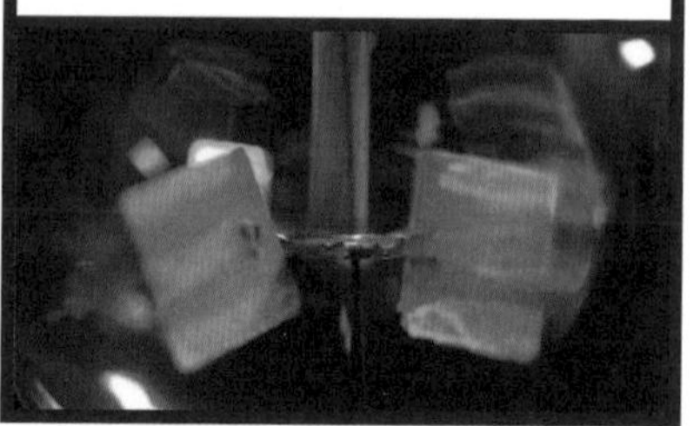

또 음극선에 자석을 갖다 대면 특정 방향으로 움직였다.

자 안의 모습을 빵 안에 건포도가 박혀 있는 모습으로 추측했다. 그가 이 모양을 추측할 수 있었던 건 그가 전자를 발견한 사람이기 때문이다.

1897년, 당시 톰슨은 강한 전기장이 원자나 분자에 어떤 영향을 미치는지 연구하고 있었는데, 음극선 실험을 하는 도중에 어떤 물질을 발견했다. 음극선은 진공관에 특정 기체를 넣고 음극과 양극에 강한 전압을 걸어주었을 때 나오는 황록색 광선이다. 톰슨이 음극선을 연구할 당시에는 음극선관의 음극에서 나오는 음극선이 과연 무엇이냐에 대한 말이 많았다. 비물질적인 것이라는 주장도 있었는데 톰슨은 말이 안 된다고 생각했다. 일각에서는 질량을 가진 입자의 흐름이라고 주장했다. 톰슨은 충분히 그것을 실험을 통해 확인해 볼 수 있을 것이라고 생각했다. 실험 결과, 음극선관의 음극에서 나오는 광선에 맞자 바람개비가 돌아갔다. 입자에 맞아서 바람개비가 돌아가는 것일 테니, 그건 '질량이 있는 입자'라는 얘기였다. 또 자석을 대어 자기장을 걸어주면 특정 방향으로 움직였다. 더 나아가 톰슨은 그 '질량이 있는 입자'의 질량이 수소 원자 질량의 1000분의 1보다 작다는 것과 음극선을 발생시키는 원자의 종류가 무엇이건 질량이 항상 일정하다는 것을 알게 되었다. 톰슨은 음극선이 원자를 구성하고 있는 입자라고 발표하면서, 이 입자에 미립자(corpuscles)

라는 이름을 붙였다. 이렇게 톰슨은 이 입자의 존재를 밝혀냈다. 이런 전자의 발견은 암흑이었던 원자 세계에 들어가는데 획기적인 전환점을 마련해주었다.

처음 돌턴이 원자설을 제기한 이후 줄곧 원자는 단단한 구슬처럼 여겨졌는데, 톰슨은 그 안에서 무엇인가를 발견한 것이다. 질량을 가지고 있고 음극을 나타내는, 원자보다 작은 미립자를 말이다. 나중에 이 미립자는 전자라는 이름으로 바뀌었다.

당시 사람들은 전기가 흐르는 건 알아도 무엇이 흘러서 전기적인 현상을 일으키는지 몰랐다. 그 무엇은 전자였다. 톰슨은 전자가 원자 안에 빵 속의 건포도처럼 박혀 있다고 생

J. J. 톰슨은 원자 안의 모습을 빵 안에 건포도가 박혀 있는 모습일 것이라 상상했다.

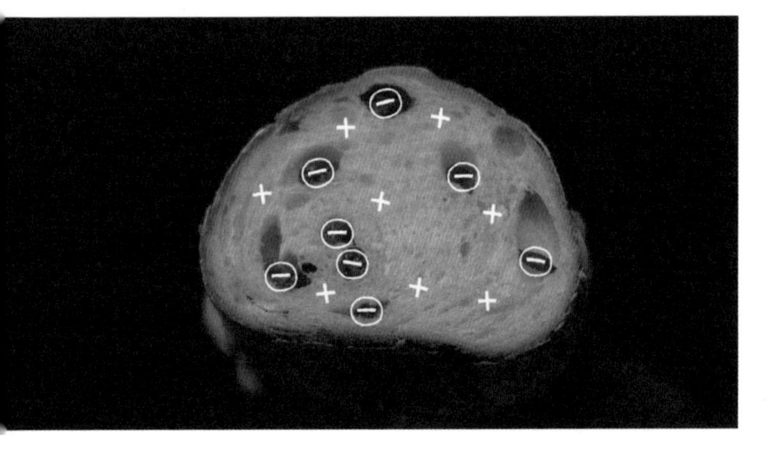

19세기 말 사람들은 전기가 흐르는 것을 알기는 했지만
무엇이 전기 현상을 일으키는지 알지 못했다.
그러던 와중에 J. J. 톰슨의 음극선 연구는 전자의 발견으로 이어졌다.

각했다.

원자 안에 전자가 들어 있다는 것을 알았으니 이제 원자 안이 어떻게 생겼는지 궁금해졌을 것이다. 원자 안에 음의 성질을 띠는 전자가 있는데, 이 전자는 어떻게 어떤 위치에 자리하고 있을까? 원자설이 등장한 지 약 100년 동안 닫혀 있었던 이 작은 세계의 안을 톰슨은 상상해보았다.

원자는 중성이다. 음의 성질을 띠는 전자가 있는데도 중성이라면, 양의 성질을 띠는 물질도 같이 있다는 얘기다. 즉 양성자가 있어야 한다. 어디에 있을까? 톰슨이 생각한 원자 모델은 양의 전기를 가지는 물질이 전자 주위에 넓게 퍼져 있다는 것이었다. 그런데 정말 원자 세계는 톰슨이 생각한 대로의 모습이었을까? 아무도 확신할 수 없었다. 그렇게 이 작은 세계를 그려내는 일은 다시 몇 년 동안 침묵했다.

원자 속의 작은 핵

톰슨이 원자 속의 전자를 처음 발견했을 땐, 사실 어둠 속에서 문고리를 잡은 것이었다. 작은 세계의 문을 열고, 원자 세계의 불을 밝힌 건 톰슨을 찾아온 한 뉴질랜드 청년, 어니스트 러더퍼드Ernest Rutherford, 1871~1937였다. 톰슨의 주선으로 러더퍼드는 영국 맨체스터 대학의 물리학부 교수가 되었다. 그는 수학이 약해서 학생들 틈에서 확률 강의를 듣기도 했다.

러더퍼드는 목을 돌려 다른 곳을 볼 줄 모르는 한 마리 악어 같은 사람이었다. 악어는 먹이가 나타나면 앞으로 돌격해서 덥석 물어버린다. 악어는 러더퍼드의 별명이기도 했다.

러더퍼드의 실험실 조교들은 2년 동안 같은 실험을 하던 중이었다. 방사성 물질에서 나오는 알파 입자를 얇은 금박지에 던질 때 어떤 현상이 일어나는지를 관찰하는 실험이었다. 얇은 금박지는 대략 원자 400개의 두께였다. 금박지 안의 원자가 어떻게 반응하는지 보려고 한 것이다. 알파 입자는 양

러더퍼드 실험실은 2년여 동안 얇은 금박지에
알파 입자를 쏘는 실험을 진행했다.
알파 입자는 금박지에 쏘면 그대로 금박지를
통과하곤 했는데, 아주 낮은 확률로 알파 입자가
금박지를 통과하지 않고 튕겨져 나왔다.

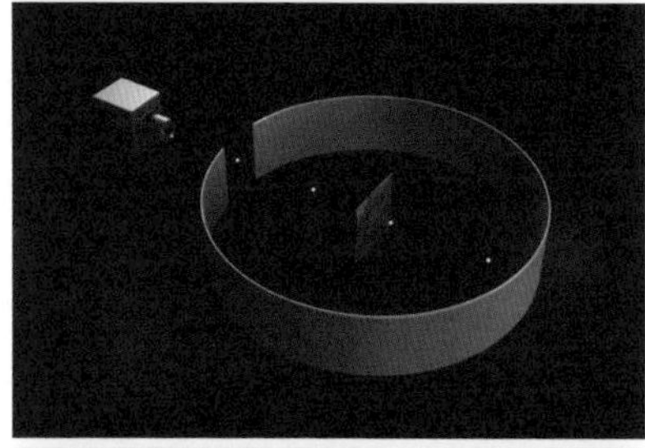

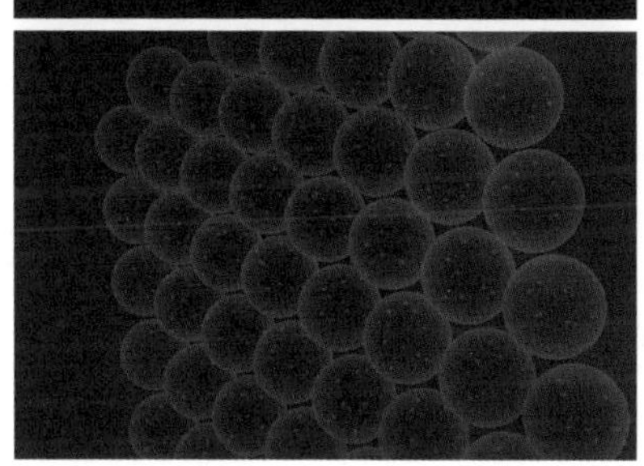

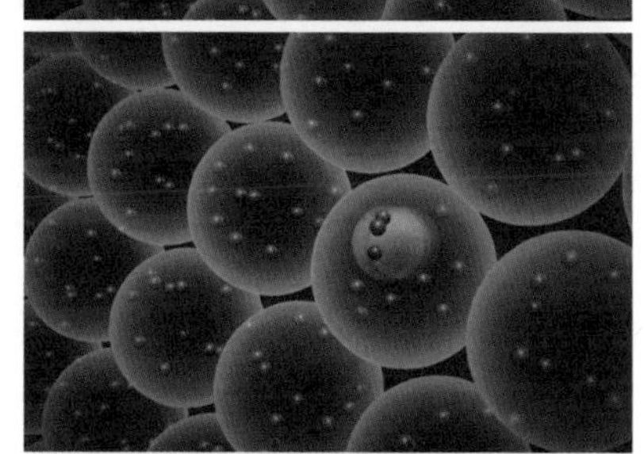

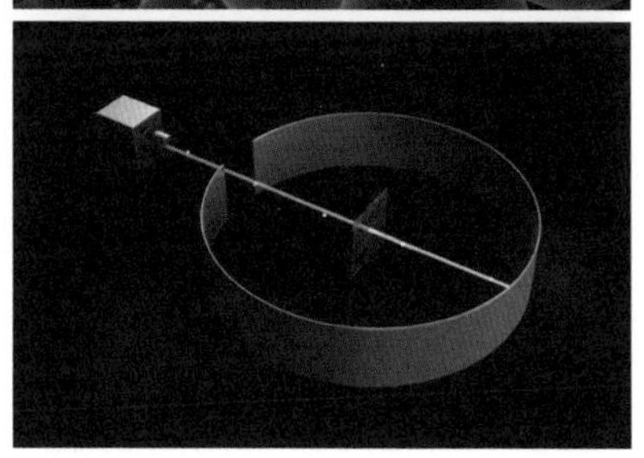

성자 두 개와 중성자 두 개가 합쳐진 것으로, 전자보다 7500배 무거운 물질이다. 그래서 알파 입자를 금박지에 쏘면 그대로 금박지를 뚫고 나가버렸다. 러더퍼드는 혹시라도 금박지를 통과하지 못하고 조금이라고 휘어지는 입자가 있는지 보라고 했다. 말이 쉽지 이 실험은 말 그대로 백사장에서 바늘 찾는 일이었다. 정확한 데이터를 구하려면 수만 번 던져야 하는 실험이었다. 예를 들면 이런 것이다.

금박지를 60층 건물 크기로 키워보기로 하자. 이 건물은 바다가 보이는 멋진 곳에 서 있으며, 아주 얇은 종이로 되어 있다. 얇은 종이 어딘가에는 깨알 같은 점들이 있다. 그 점들은 바로 톰슨이 발견한 전자다. 이 전자가 어디에 있는지는 모른다. 총을 쏘아서 이들 전자를 과연 맞출 수 있을까. 창호지처럼 얇은 막이니 총알은 벽을 통과해버린다.

이렇게 60층 정도 되는 창호지에 총을 쏴서 어디에 있는지도 알 수 없는 깨알 같은 전자를 맞추는 일, 러더퍼드는 조교에게 그런 실험을 시키고 있었다. 매번 총알은 건물을 통과해버렸다. 창호지처럼 얇은 막이니 상식대로 총알은 벽을 통과해버렸다. 그런 실험을 러더퍼드의 조교는 거의 2년간 진행했다. 그런데 계속 상식적인 일만 일어나면 발견이 아닐 것이다.

그런데 2년이 다 되어갈 때 튕겨져 나온 알파 입자를 발견

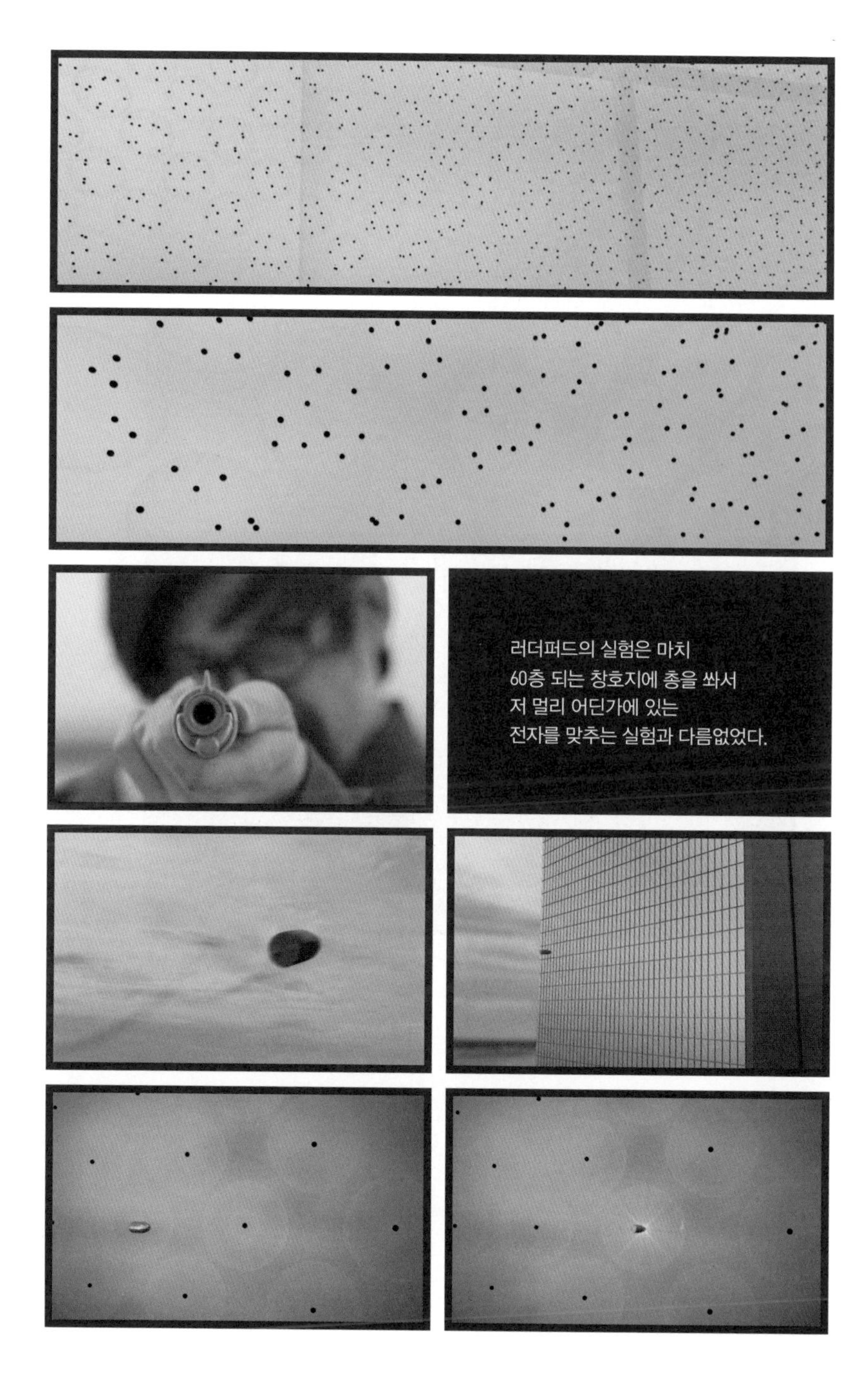
러더퍼드의 실험은 마치
60층 되는 창호지에 총을 쏴서
저 멀리 어딘가에 있는
전자를 맞추는 실험과 다름없었다.

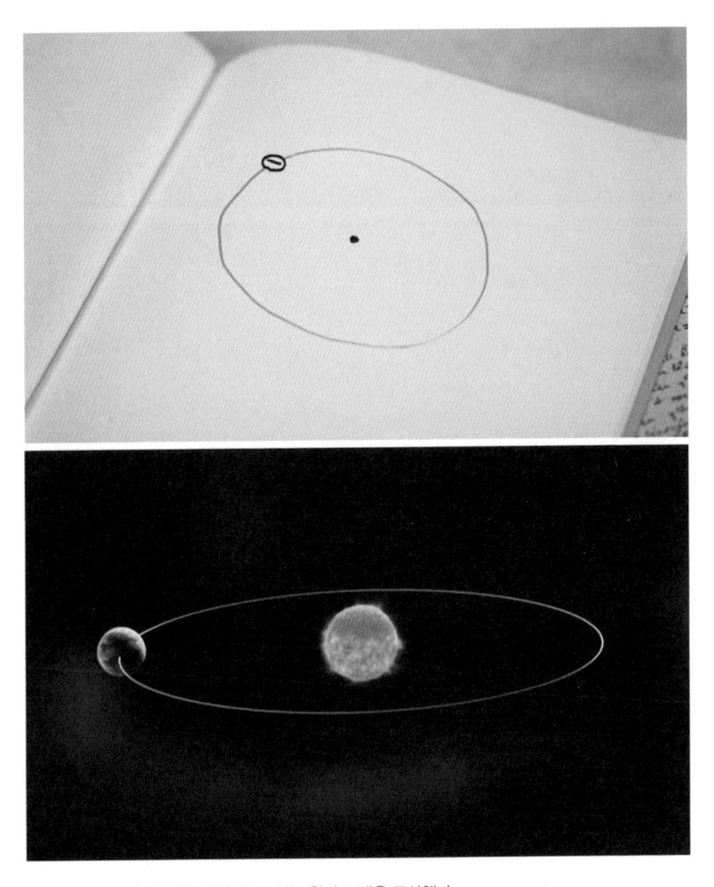

러더퍼드는 전자가 원자핵을 돌고 있는 원자 모델을 구상했다.

한다. 이것은 8000분의 1의 확률이었다.

그러니까 창호지처럼 얇은 종이 위에 총을 쐈는데 튕겨져 나온 것이다. 전자에 맞았으면 그렇게나 크게 튀어나올 리는 없었다. 아주 크고 단단하고 무거운 물질, 총알도 뚫지 못한 어떤 단단한 물체가 창호지 안에 있다는 말이다.

러더퍼드는 1년 넘게 생각했다. 원자 안에 들어 있는 점과 같은 것은 과연 무엇일까. 러더퍼드는 양의 성질을 가진 입자, 즉 원자핵이라고 생각했다. 그렇다면 전자는 어디에 있을까? 러더퍼드는 전자가 원자핵 주변을 돌고 있을 것이라고 생각했다. 그리고 태양이 지구를 붙잡아두는 힘이 원자핵과 전자 사이에도 존재한다는 데까지 생각이 이르렀다. 그러려면 지구가 도는 것처럼 전자도 원자핵 주위를 돌아야 했다. 러더퍼드의 원자 모델은 태양계와 닮았다. 가장 작은 세계가 가장 큰 세계를 닮았다는 건 생각만 해도 근사한 일이었다.

100년 가까이 가장 작은 물질인 줄 알았던 원자 안에서 전자와 원자핵이 발견되었다. 전자와 원자핵, 이들은 어떤 모습

원자가 축구경기장만 하다면 원자핵은 작은 구슬만 한 크기다.
나머지는 진공이다.

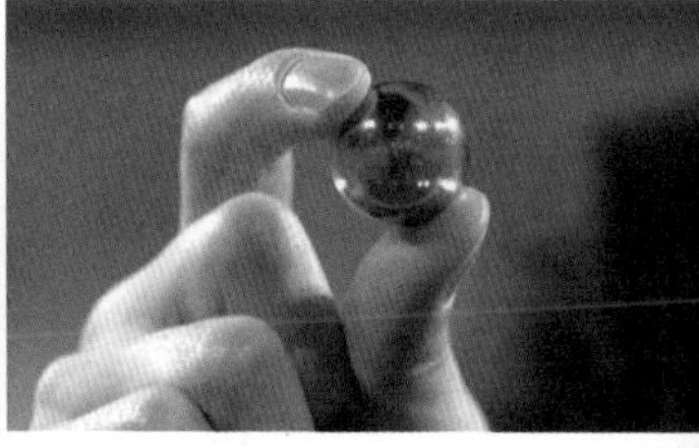

으로 원자 안에 자리하고 있을까?

이제 원자 안으로 들어가보기로 하겠다. 러더퍼드가 발견한 원자핵을 상상하기 위해 원자 크기를 운동장만 하게 키워보자. 원자가 국제 축구경기를 할 만한 운동장 크기라면 러더퍼드가 발견한 원자핵의 크기는 얼마만 할까? 바로 작은 구슬만한 크기다. 그리고 전자는 운동장 주위를 어딘가 돌고 있다. 전자의 크기는 원자핵보다 훨씬 작다. 원자 크기의 10만 분의 1에 불과하다. 그러면 나머지는 뭘까? 진공이다. 원자핵과 전자는 거대한 진공 속에 떠 있는 좁쌀 같은 존재다.

사람의 몸도 원자로 이루어졌다. 만약 인간의 몸에서 진공을 빼면 어떻게 될까? 겨우 소금 알갱이 하나보다 작다. 만약 지구 전체 60억 인구에서 진공을 빼면 어떻게 될까? 겨우 사과 한 알 정도다.

그러나 러더퍼드의 원자 모델에는 커다란 문제점이 있었다. 우리는 양극과 음극이 서로 끌어당긴다는 것을 안다. 양극인 원자핵이 여기 있고 음극인 전자가 저기 있다면 서로 끌릴 것이다. 그러면 어떻게 될까? 원자핵이 더 가벼운 전자를 끌어당길 것이다. 그럼 전자와 원자핵 사이의 진공은 사

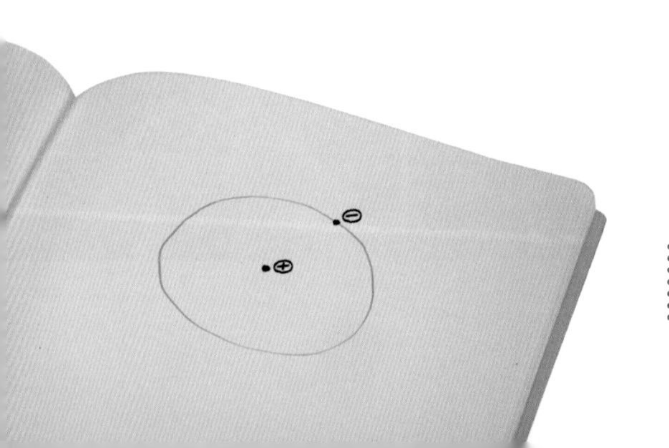

러더퍼드는 왜 양전하를 띤 원자핵과 음전하를 띤 전자가 달라붙지 않는지 그 이유를 궁금해했다.

인간의 몸에서 진공을 빼면 소금 알갱이 하나보다 작으며,
지구 전체 60억 인구에서 진공을 빼면 겨우 사과 한 알 정도다.

라져버린다. 이런 식이면 세상이 다 사라져버릴 것이다. 그런데 세상은 사라지지 않고 우리 눈앞에 존재한다. 원자 안에서 그런 일은 일어나지 않는다는 얘기다.

어떻게 원자핵과 전자는 그 긴장감을 유지하고 있는 걸까? 그건 러더퍼드의 세대엔 아무래도 알 수 없는 일이었다. 그가 아무리 앞만 보고 질주하는 무소불위의 짐승, 악어라고 할지라도. 원자핵에 들러붙지 않는 전자, 이 문제를 푸는 건 나중의 일이다. 러더퍼드의 제자는 빛의 세례를 받고 등장한다.

원자의 문 앞에서

이 세상을 구성하는 가장 근본적인 것을 찾다가 우리는 원자의 문 앞에 섰다. 무뚝뚝하고 좀처럼 속을 보여주지 않는 세계. 사실 이 길은 세상 어디로 가는 길보다 좁고 어렵다. 가장 작은 세계, 인류는 기꺼이 그 안으로의 여행을 시작한다. 그리고 곧 원자로 들어가는 핵심적인 열쇠를 찾는다.

20세기 초 유럽에서는 제철산업이 발달했다. 제철소에서 순수한 철을 얻는 건 당시 산업에서 아주 중요했다. 용광로의 뜨거운 온도를 재는 온도계는 없었다. 기술자들은 빛에서 나온 색깔을 보고 경험적으로 고온이라는 걸 판단할 뿐

: 독일 물리학자 막스 플랑크. 1918년 노벨 물리학상을 수상했다.

이었다. 더 정확한 방법이 필요했다. 물리학자 막스 플랑크 Max Planck, 1858~1947는 그 연구에 뛰어들었다.

막스 플랑크는 흑체를 가지고 물체의 온도와 거기에서 나오는 빛의 색깔(파장)을 연구하던 중 이상한 것을 발견한다. 흑체는 숯이나 부지깽이같이 검은 물질로, 빛을 전혀 반사하지 않고 스스로 내는 빛만 내보내는 이상적인 물체다. 즉 흑체의 작은 구멍으로 빛이 들어가면 다시 그 구멍으로 빛이 나오기 어려운 검은 물체다.

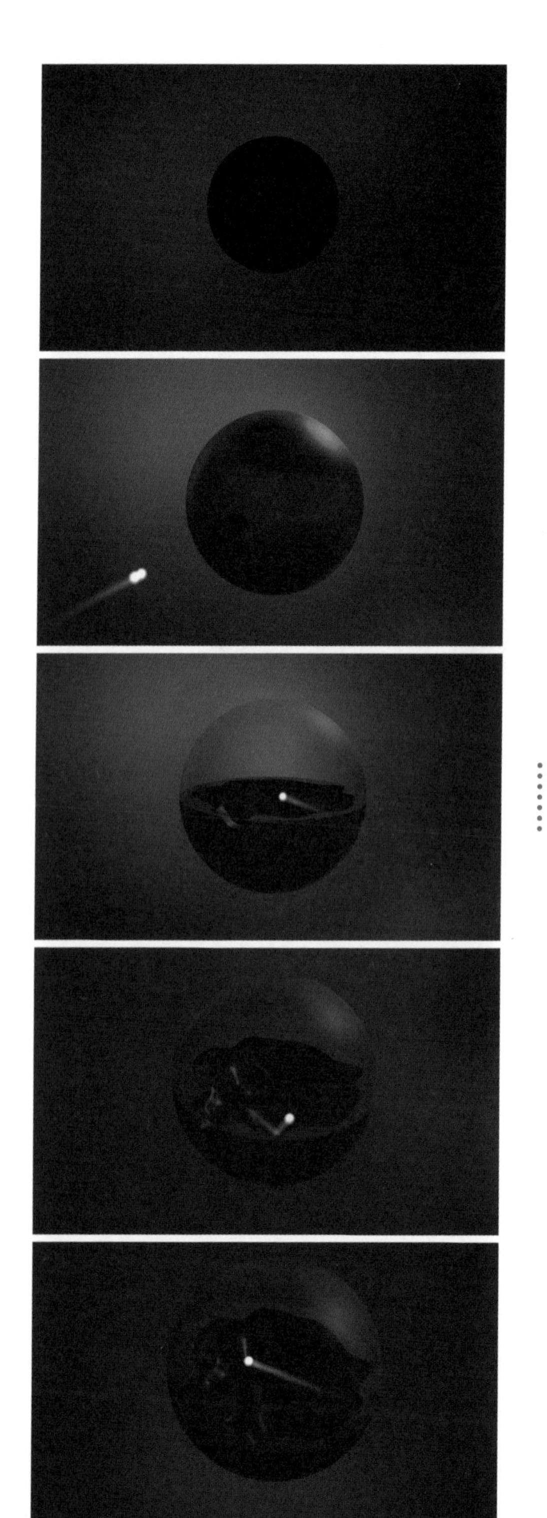

흑체는 작은 구멍으로 빛이 들어가면
빛이 다시 밖으로 나오지 못하는
검은 물체다.

예를 들어 오븐이 주변과 완전히 차단됐다고 가정한다면, 이 오븐은 흑체와 비슷하다. 온도를 맞춰놓으면 오븐 안쪽 벽이 달궈지면서 복사파가 생긴다. 그런데 이상한 일이 일어난다. 지금부터 하는 얘기는 20세기 초 물리학자들을 대혼란에 빠트린 바로 그 문제다.

오븐의 뜨거운 내벽에서 발생된 전자기파는 반드시 정수 개의 마루나 골을 가져야 한다. 파장은 하나의 마루에서 그 다음 마루까지의 거리이고, 진폭은 마루나 골의 깊이다. 마루와 골의 개수가 적으면 파장이 길고 많을수록 파장이 짧다. 각 파동들은 모두 동일한 양의 에너지를 실어 나른다.

그런데 이 오븐은 태양처럼 가시광선, 자외선, 적외선, 마이크로파 등 모든 파장의 복사파를 낸다. 오븐에서 나오는

오븐이 주변과 완전히 차단됐다고 가정하면, 이 오븐은 흑체와 비슷하다.
오븐의 뜨거운 내벽에서 발생하는 전자기파는 반드시 정수 개의 마루나 골을 가진다.

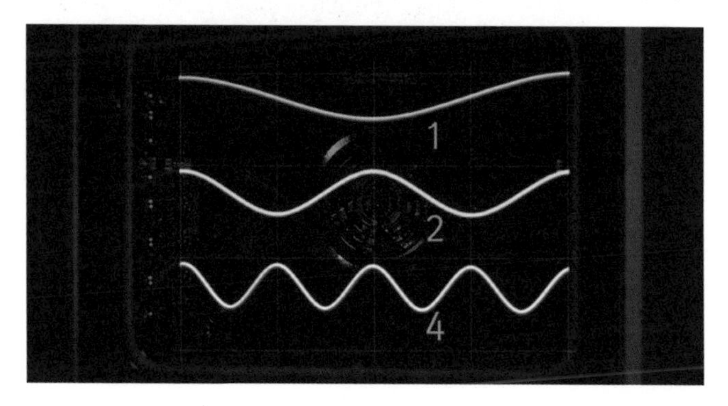

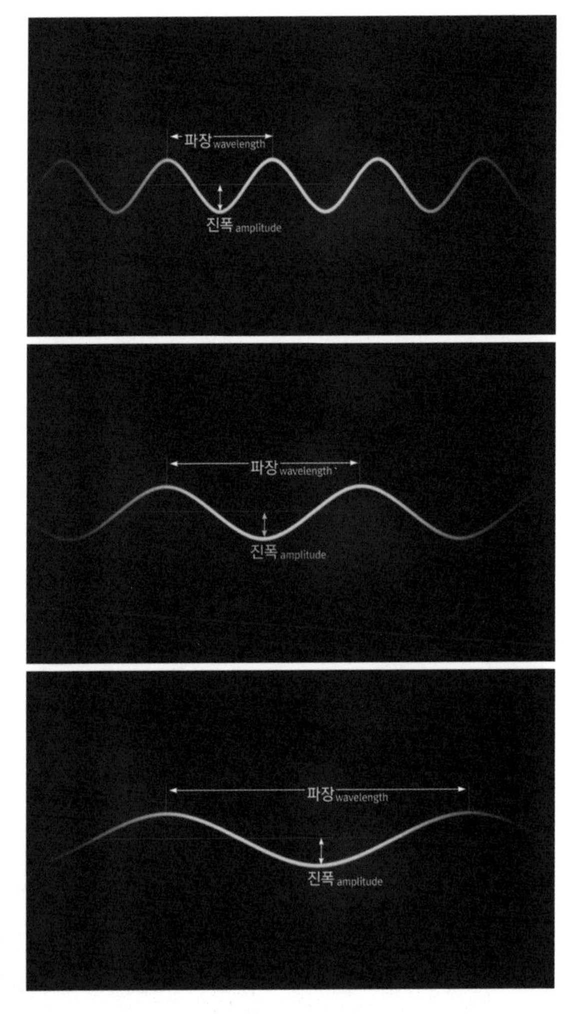

파장은 하나의 마루에서 다음 마루까지의 거리이고,
진폭은 마루나 골의 깊이다.
마루와 골의 개수가 적으면 파장이 길고, 많을수록 파장이 짧다.

: 태양은 가시광선, 자외선, 적외선, 마이크로파 등 모든 파장의 복사파를 낸다.

개개의 파동들이 똑같은 양의 에너지를 실어 나른다고 할 때, 아무리 적은 양의 에너지를 실어나른다고 할지라도 이들을 모두 합하면 어떻게 될까? 오븐의 온도를 계속 높이면 짧고 높은 진동수의 파장이 무한대로 나오게 될까? 만약 그렇다면 흑체의 에너지는 어마어마하게 커질 것이다. 이 오븐은 뜨겁게 달궈지다가 펑 터져버릴 것이다. 그런데 그런 일은 일어나지 않는다. 바로 그게 문제였다. 왜 에너지는 무한대로 커지지 않을까?

아무리 열을 가해도 흑체가 무한대의 에너지를 갖는 일은 없다. 왜 그럴까? 이 해답을 얻는 과정에서 너무나도 당연하게 여겨졌던 고전물리학이 최후를 맞게 되었다.

이 문제를 붙들고 있었던 막스 플랑크는 마침내 답을 찾아낸다. 각 파장들의 진동수마다 에너지가 동일하게 분배되지 않는다고 생각하면 간단해졌다. 그러니까 흑체에 열을 가했을 때 나오는 모든 파장이 다 에너지를 갖는 게 아니라 어떤 파동은 에너지를 갖지 않는다는 것이다.

어떻게 그게 가능할까? 그런데 실험에서 나온 결과들은 그것을 가리키고 있었다. 실험 결과들을 바탕으로 공식을 얻었다. 즉 자격이 갖춰진 파동만 에너지를 가졌다. 그 자격이란 파동의 진동수에 h(플랑크 상수, $h = 6.62606957 \times 10^{-34} J \cdot s$)를 곱한 값이었다.

$$E = nh\nu$$

(E는 에너지, ν는 진동수, h는 플랑크 상수, n은 양의 정수)

모든 파장이 에너지를 얻는 게 아니라 자격을 갖춘 것만 에너지를 얻는다니, 이것은 무슨 뜻일까? 갈수록 어려운가? 낙타가 바늘구멍에 들어가는 일이니, 좀 더 인내심을 가져보자.

미국 컬럼비아 대학의 브라이언 그린Brian Greene, 1963~ 교수가 든 예는 이를 아주 쉽게 설명해주고 있다. 우리에게 익숙하게 약간 변형시켜보겠다. 오븐을 아주 큰 창고로 생각해보

자. 창고 안에 무수히 많은 사람들이 갇혀 있다. 창고지기는 창고를 나가고 싶은 사람들에게 독특한 조건을 내건다. 한 사람당 창고지기에게 7000원을 내면 창고 밖으로 나갈 수 있다는 것이다.

좀 억지스러운 설정이지만 계속 밀고 나가보겠다. 이들이 가진 돈의 단위는 10원, 100원, 500원, 1000원, 5000원, 10000원, 50000원이다. 사람들은 한 가지 단위의 돈밖에 가지지 못한다. 특이한 건 창고지기가 각 사람들에게 돈을 받을 때 한 가지 단위의 돈만을 받으며, 잔돈도 안 내준다는 사실이다. 사람들은 일단 있는 돈을 모두 거뒀다. 자! 이들은 어떻게 여길 탈출했을까.

이 사람들의 작전은 다음과 같았다. 먼저 10원짜리다. 700개를 모으면 7000원이다(10×700=7000). 1명이 나갈 수 있다. 1400개이면 2명이 나갈 수 있다. 그 다음은 100원짜리로 70개를 모아서 7000원을 만든다. 500원짜리 14개로 역시 7000원을 만든다. 1000원짜리는 7장! 5000원짜리, 이게 문제다. 2장을 내면 거스름돈이 남고 1장은 부족하다. 창고지기는 선심 쓰듯 5000원짜리 1장을 받고 내보내준다. 그 다음은 아예 10000원짜리 큰돈이다. 7000원이 넘으니, 못 나간다. 나가더라도 아주 조금만 나간다. 잔돈을 안 받겠다고 해도 안 내보내준다. 50000원짜리도 마찬가지다.

창고 안에 많은 사람이 갇혀 있다.

창고에서 빠져나가기 위해선 돈을 내야 한다. 돈의 단위는 10원, 50원, 100원, 500원, 1000원, 5000원, 10000원, 50000원이다.

10원짜리 700개를 내면, 그리고 100원짜리는 70개를 내면 나갈 수 있다

500원짜리는 14장을 내면 나갈 수 있다.

1000원짜리는 7장을 내면 나갈 수 있다.

5000원짜리는 2000원이 모자라긴 하지만 1장을 내면 나갈 수 있다.

10000원이나 50000원은 나가지 못한다. 나가더라도 아주 조금만 나간다.

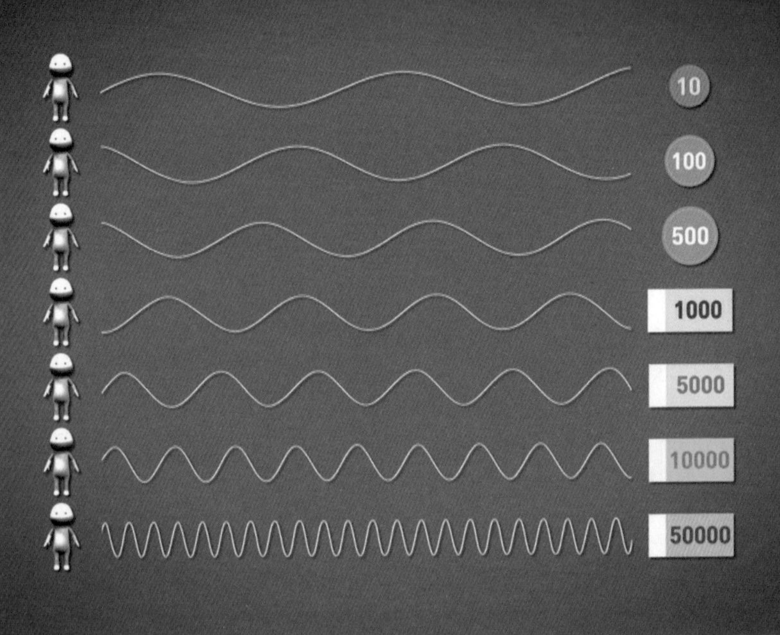

: 사람들을 고유한 진동수를 가진 파장이라고 할 때, 여기서의 돈은 에너지의 양이다.

에너지를 지속적으로 받는 흑체나 오븐 안에서 이런 일이 일어난다. 여기서 사람들은 고유한 진동수를 가진 파장이다. 돈은 에너지의 양이다. 이 돈 단위의 정수배에 해당하는 값만 교환된다. 돈을 반으로 찢을 수는 없다. 진동수가 낮으면 에너지 최소 단위가 작고, 진동수가 높으면 에너지 최소 단위가 크다. 위의 예에서 진동수가 가장 높은 파장은 50000원짜리를 내는 사람들이고, 진동수가 가장 낮은 파장은 10원짜리를 내는 사람들이라고 할 수 있다. 최소 단위는 파동의 진동수에 의해 결정된다. 에너지 최소 단위가 큰 파장은 밖으로 나가지 못한다. 더 정확히 말하자면 나가더라도 아주 조금밖에 나가지 못한다. 그래서 오븐은 무한히 뜨거워지지 않는다. 이렇게 연속하지 않고 어떤 단위량의 정수배로 나타나는 에너지 단위를 양자라고 한다.

고전물리학에서는 모든 파장들이 동일한 에너지를 얻어서 연속적으로 나간다고 생각했다. 그런데 막스 플랑크가 살펴보니 자격이 있는 것, 즉 덩어리의 정수배에 해당하는 것만 나갔다. 흑체가 무한히 뜨거워지지 않는 이유는 에너지가 연속적으로 나오지 않기 때문이었다. 불연속적으로 나오는 에너지는 $E = nh\nu$ 라는 공식을 만족시켰다.

에너지의 흐름은 불연속적이다! 이것으로 물리학은 플랑크 이전과 이후로 나뉠 수 있다. 양자 세계에서 걷는다면 불연속적으로 걷게 된다. 소리도 그렇다. 현실에서 부드럽게 이어지는 소리는 양자의 세계에 들어가면 끊어진다. 에너지는 최소 단위의 정수배로 흐른다. 즉, 양자화되어 있다. 우리가 이 불연속적인 세계를 알아차리지 못하는 것은 그 힘이 너무 작기 때문이다. 0.000000000000000000000000000000000001. 즉 소수점 뒤로 0이 33개가 붙은 값이다. 이 미세한 힘이 의미를 갖는 곳이 바로 양자의 세계이다.

앞의 에필로그에 나온 양자여관 속의 남자 이야기로 돌아가보겠다. 남자가 하룻밤을 묵게 될 양자여관은 처음엔 다른 여관하고 크게 다르지 않아 보였다. 이상하다는 생각이 잠시 들었지만 그냥 지나쳐버린다. 그러나 휴식도 잠시, 눈앞에 기이한 현상이 나타나기 시작했다. 좌우로 물 흐르듯이 움직이던 시계추가 끊어지는 듯한 동작으로 움직이고, 물이 덩어리로 솟아오르고, 물고기가 어항 밖으로 나오고, 텔레비전이 탁탁 튄다. 액자 속의 그림이 움직인다. 밖에서는 이 사정을 전혀 모른다. 남자가 들어간 이 세계는 양자의 세계였을까? 양자의 세계는 우리가 알고 있는 법칙들이 더 이상 통하지 않는 곳이다. 양자의 세계는 에너지가 불연속적이다. 에너지는 덩어리로 움직인다. 즉 양자화되어 있다. 그리고 건너뛰기를 한다. 그건 현실에선 상상할 수 없는 것이다.

눈에 보이는 자연현상만을 설명하는 법칙은 우리가 찾는 궁극적인 법칙이 아니다. 세상은 의심스러운 그 무엇이다. 지금도 아주 작은 양자의 세계에서는 에너지가 불연속적으로 흐르고 있다. 믿기지 않지만 말이다. 하지만 우리가 사는 세상은, 우리가 경험하는 세상은 그렇게 보이지 않는다. 연속적이고 흐름은 건너뛰지 않는다. 그러나 이 고정관념은 마침내 깨지게 된다. 빛의 세례를 받고 등장한 한 과학자는 그것이 무엇을 의미하는지 잘 알고 있었다.

The Quantum World

양자의 세계는 에너지가 불연속적이다.
이 양자의 세계에서는 우리가 알고 있는
법칙들이 더 이상 통하지 않는다.

보어의 양자와 궤도

새끼코끼리가 있었다. 질문을 많이 해댄다고 식구들에게 볼기를 맞았다. 새끼코끼리는 코를 쭉 뻗으면서 기름지고 위대한 림포포 강으로 갔다. 그리고 거기에 살고 있는 악어한테서 질문의 답을 배웠다.

"스승님, 원자 안의 전자는 왜 회전하면서 중심으로 떨어지지 않는 거죠?"

여기서 악어는 어니스트 러더퍼드다. 둔하지만 늘 질문을 하는 새끼코끼리는 러더퍼드의 제자 닐스 보어Niels Bohr, 1885~1962이다.

보어가 영국 맨체스터 대학에 다닐 때의 이야기다. 보어는 동료들이 모두 원자 안에서 뭔가를 찾으려고 할 때 근본적인 질문에 더 끌렸다. 어떻게 전자가 원자핵으로 끌려들어가지 않고 계속 돌 수 있을까. 보어는 원자가 붕괴하지 않는 이유를 밝히는 데 인생을 걸기로 했다.

영국 유학 장학금이 동이 나자 보어는 고향 코펜하겐으로 돌아갈 수밖에 없었다. 보어는 명랑하고 활달한 청년이었다. 토론하고 사색하는 집안 분위기 때문에 일찍이 그는 철학과 물리학에 심취했고, 시, 미술, 조각, 음악, 운동을 즐겼으며,

"스승님, 원자 안의 전자는
왜 회전하면서 중심으로 떨어지지 않는 거죠?"

어니스트 러더퍼드는 한 번 물면 절대 놓지 않는 악어와 같았고,
닐스 보어는 끊임없이 질문을 해대는 새끼코끼리와 같았다.

덴마크 물리학자 닐스 보어. 1922년 노벨 물리학상을 수상했다.

닐스보어연구소. 코펜하겐에는 그가 세운 닐스보어연구소가 아직도 건재하다. 과거의 명물이 아니라 지금도 내로라하는 세계 물리학연구소들과 어깨를 견주고 있다. 끈질긴 성격의 소유자였던 보어가 자신의 고향에서 인정받는 위치까지 오르게 된 건 당연한 일일 것이다.

자신만의 생각에도 쉽게 빠져들었다. 이런 성격은 원자 세계로 들어가기에 아주 좋았다.

보어는 코펜하겐에서도 계속 원자 문제를 풀려고 했지만 실험을 하기 어렵다는 것을 알았다. 대신 항상 머리로 이 문제를 생각했다. 그래서일까. 1913년, 보어가 스물일곱 살 되던 해에 원자 연구에 획기적인 것을 발견해낸다. 뉴턴이 만유인력을 발견할 때만큼이나 놀라운 발견이었다. 그것은 보어가 우연히 수소의 선 스펙트럼 공식이 나와 있는 책을 본 것이 계기가 되었다.

닐스 보어는 요한 발머의
수소 선 스펙트럼을 보고
해답의 실마리를 찾았다.

스펙트럼이란 빛의 성분을 파장의 순서로 나열한 것이다. 분광기를 통해 그 빛을 여러 가지 빛깔, 여러 가지 파장 또는 진동수(빛)로 나눌 수 있는데, 높은 온도에 이를 때까지 기체 상태의 물질에 열을 가하면 선스펙트럼을 볼 수 있다. 태양 빛의 경우 스펙트럼은 연속적으로 나타난다. 모든 진동수의 빛을 방출하기 때문이다. 반면에 원자는 선에 해당하는 에너지 진동수만 방출하기 때문에 낱낱의 선으로 나타난다. 즉 진동수는 스펙트럼에서 서로 다른 색깔을 지닌 떨어진 선으로 나타나는 것이다.

보어가 관심을 가진 원소는 수소 원자였다. 수소 원자는 원자핵 하나에 전자 하나로 구성된, 가장 간단한 구조를 가진 원자다. 수소의 경우엔 빨강, 청록, 파랑, 보라, 이 네 가지 선으로 이루어졌다. 이는 수소가 모든 진동수의 빛을 방출하는 게 아니라 선에 해당하는 에너지의 진동수만 방출하

태양 빛의 스펙트럼은 연속적으로 나타난다. 모든 진동수의 빛을 방출하기 때문이다.

원자의 선 스펙트럼은 낱낱의 선으로 나타난다. 선에 해당하는 에너지 진동수만 방출하기 때문이다.

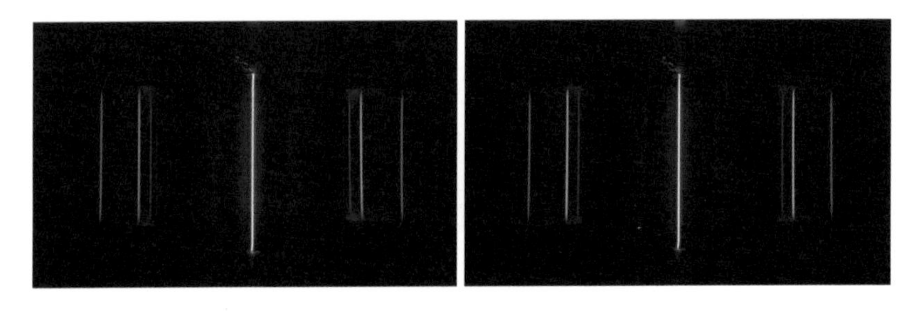

기 때문이다. 요한 발머Johann Balmer, 1825~1898는 빨강, 초록, 보라, 이 세 가지로 연구를 했다. 과연 수소의 스펙트럼에서 볼 수 있는 서로 다른 색(진동수)은 어떻게 만들어지는 것일까. 발머는 이 선 스펙트럼의 진동수를 측정했고 진동수 사이의 관계를 식으로 만들었다. 즉 빨강, 초록, 보라색 사이의 파장의 비를 구할 수 있는 공식을 만들었다. 왜 그렇게 되는지 설명은 못했지만 공식은 신기하게도 맞았다.

보어는 원자 구조의 실마리를 물질에서 찾지 않고 빛의 신비하고 놀라운 성질에서 찾아야 한다고 생각했다. 스펙트럼이 내부 구조를 알려주고 그 빈 공간을 설명해준다는 사실을 깨달았던 것이다.

보어는 발머의 공식을 보고 원자 구조에 대한 힌트를 얻었다. 답은 아주 간단했다. 플랑크 상수를 이용하는 것이었다. 플랑크의 이론에 의하면 에너지는 연속적인 것이 아니라 계단처럼, 탁탁탁 불연속적으로 나온다. 보어는 '혹시 전자도 이렇게 불연속적인 에너지를 갖는 게 아닐까?'라고 생각했다. 전자가 내려올 때와 올라갈 때 연속적으로 흐르는 게 아니라 탁, 탁, 탁, 불연속적으로 간다고 말이다. 그런데 그런 일이 어떤 조건이 만족됐을 때만 일어난다고 하면 어떻게 될까? 보어는 자신의 생각이 맞는지 확인 작업에 들어갔다.

이론은 머릿속으로 하지만 검증은 수학으로 해야 했다.

: 요한 발머(위)와 발머의 공식(아래). 닐스 보어는 발머의 공식을 보고 원자 구조에 대한 힌트를 얻었다.

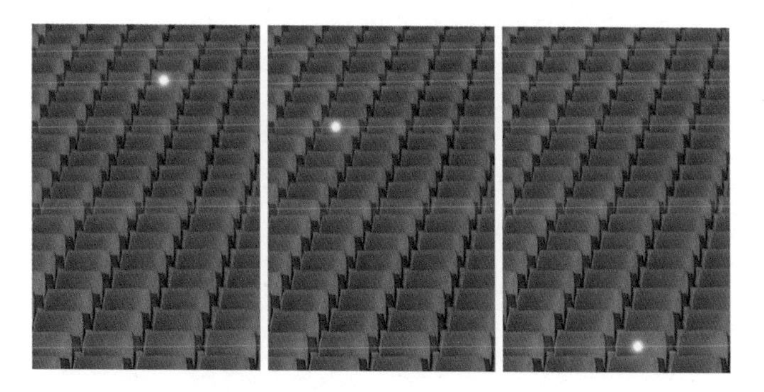

보어는 전자가 궤도를 내려올 때와 올라갈 때 연속적으로 흐르는 게 아니라 불연속적으로 이동한다고 생각했다.

길고 지난한 작업이었다. 보어는 어떻게 전자가 원자 안에서 불연속적으로 이동한다는 자신의 생각을 공식으로 만들었을까?

보어는 수소의 전자가 가장 높은 곳에서 떨어질 때와 가장 낮은 곳에서 떨어질 때 에너지 값을 계산해서 표로 만들었다. 바로 '수소 원자 에너지 준위'라는 것이다. 일반인이 이해하기엔 상당히 어렵다. 점점 미궁으로 빠지는 것 같은가? 하지만 그게 당연하다. 보어의 '양자 도약' 개념은 물리학자들도 이해하는 데 몇 년이나 걸렸던 개념이다. 보어도 "이해한 것 같다면 제대로 생각 안 해 본 것"이라고 했을 정도였다.

이해를 돕기 위해 이 에너지 준위표를 우리가 잘 아는 어떤 건물로 바꿔보겠다. 아까 등장했던 양자여관이다. 이곳은

양자여관은 위로 갈수록 싼 방이며,
돈은 에너지로 받는다.

지금 손님은
2층에 머물고 있다.
손님을 전자라고 가정한다면,
다음과 같은 일이
일어날 것이다.

아래층에서 위층으로
옮기면
전자는 에너지를
흡수한다.

위층에서 아래층으로 옮기면
전자는 빛을 내면서 에너지를
방출한다.

좀 수상한 여관이다. 위로 올라갈수록 층의 높이가 낮아진다. 1층의 높이는 다른 층을 다 합한 것보다 높고 2층은 나머지 층을 합한 것보다 높다. 위로 갈수록 싼 방이다. 돈은 에너지로 받는다.

손님은 지금 2층에 있다. 손님을 전자라고 생각해보자. 이 손님은 어떤 층이라도 들어갈 수 있다. 층과 층 사이는 당연히 안 된다. 층에서 층으로만 이동할 수 있다. 같은 층에서는 아무리 돌아다녀도 돈이 안 든다. 즉 에너지를 지불할 필요가 없다. 그러나 다른 층으로 가려면 돈을 더 주거나 환불을 받아야 한다. 이 손님은 지금 방이 마음에 들지 않아서 여관주인에게 방을 바꿔달라고 요구하고 있다. "이 방은 너무 이상해요. 방이 이게 뭐요."

여관주인은 어떤 방을 줘야 할지 고민하다가 2층에서 9층으로 방을 옮겨준다. 아래층에서 위층으로 갈 때는 에너지를 흡수한다. 손님은 위층으로 방을 옮겼지만, 이 방도 마음에 들지 않아 여관주인에게 다시 방을 바꿔달라고 요구한다. 여관주인은 맨 아래층으로 방을 옮겨준다. 위층에서 아래층으로 내려올 때는 에너지를 방출한다. 에너지를 방출할 때 빛이 난다. 이 빛에서 선 스펙트럼을 얻을 수 있다. 맨 아래층 1층으로 오면 가장 안정적인 상태가 된다. 더 이상 내려갈 데가 없다.

보어가 맨 처음 설계한 칠판. 위아래로 미끄러지게 움직이는 겹겹으로 된 칠판이다.
먼저 써둔 방정식 같은 것을 지우지 않고도 쓸 수 있다. 보어가 설명한 원자 세계는
이렇게 겹겹으로 된 칠판을 고안할 만큼 엄청나게 까다로운 세계였다.

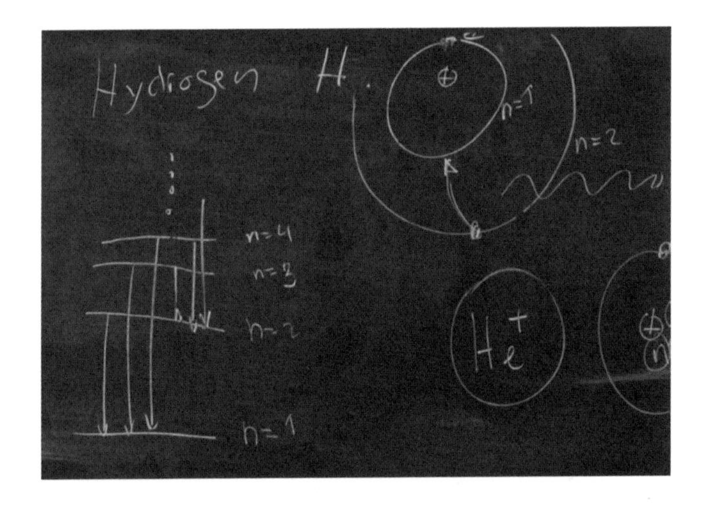

수소 원자의 에너지 준위. 닐스보어연구소의 얀 톰슨 박사는
전자가 원자 안에서 불연속적으로 이동하는 현상을 다음과 같이 설명한다.
“마치 선반 위에 무언가 올려놓는 것처럼 낮은 선반은 낮은 에너지,
더 높은 선반은 더 높은 에너지를 갖게 된다.
보어는 수소 원자를 보는 방법을 고안하는데,
이런 원리로 선반이 어떻게 다르며 각각의 에너지는 어느 정도인지 파악했다.
전자 궤도로 n=1, n=2, n=3, n=4 등이 있는데,
전자가 높은 궤도에서 낮은 궤도로 뛰어넘을 때 전자가 빛을 내게 된다.”

여기서 여관의 각층은 전자가 위치하는 궤도다. 위로 갈 때는 에너지를 얻고, 아래로 내려올 때는 에너지를 방출하면서 빛이 난다. 선 스펙트럼은 이때 나오는 빛에서 얻는 것이다. 그리고 맨 아래층에 내려온 전자는 갈 데가 없으니 전자가 원자핵에 들러붙는 일은 생기지 않는다. 이렇게 보어의 미스터리가 풀렸다. 1913년 보어는 원자구조 이론을 발표했고, 그 공로로 1922년 노벨 물리학상을 받았다.

보어는 전자가 궤도 위에서만 건너뛰기를 한다고 생각했다. 그리고 전자가 원자핵과 가장 가까운 궤도로 내려오면 더 이상 갈 데가 없어지며, 이 궤도 때문에 전자가 원자핵에 들러붙는 일이 생기지 않는다고 생각했다. 그건 아주 획기적인 생각이었다. 보어의 원자 모델에서는 원자핵이 태양처럼 빛나고 전자들이 태양계의 행성처럼 배열되어 궤도를 따라 돈다. 마치 태양을 중심으로 지구, 목성, 천왕성이 각자의 궤도를 따라 도는 것처럼, 전자는 이 특정한 궤도를 따라 도는 것이다.

보어의 모델에서는 전자가 움직일 때도 궤도에서 궤도로만 갈 수 있다. 그럴 때 전자는 에너지를 흡수하거나 방출한다. 전자는 불연속적으로 튀는 방식으로 궤도를 옮겨다닌다. 이것은 기존 물리학에서는 상상도 못한 일이었다. 이것이 바로 보어의 원자 모델이었다.

- 보어의 원자 모델에서는 가운데에 원자핵이 있고, 전자는 전자 궤도를 따라 돈다.
- 보어의 원자 모델은 입자물리학의 발달에 따라 이후 다시 수정된다.

보어가 생각한 원자 모델에서 전자는 궤도 위에서만 돈다. 인류가 오랜 세월 동안 그토록 궁금해했던, 이 세상을 이루고 있는 가장 근본적인 물질, 원자의 안의 모습이었다. 보어의 원자 모델은 우리가 사는 차원에서 표현할 수 있는 가장 근사치의 원자 모델이다. 물론 이 원자 모델은 이후 다시 수정된다.

짐작도 할 수 없는 작은 세계, 그 세계로 들어가는 문을 보어가 열었다. 인류는 또 하나의 세계를 만났다. 당시 전자에서 원자핵으로 가는 길을 연구하는 건 지구 밖 행성에서 생명체를 찾는 일처럼 황당한 일로 여겨졌다. 그러나 가장 작은 세계, 이전까지는 그 존재조차 몰랐던 어떤 세계로 들어가려는 열망은 마침내 아주 작은 세계의 단단한 껍질을 깼다. 들어가 보니 그 작은 세계는 우주만큼 넓었다. 앞은 한 치도 보이지 않는 암흑이었다. 다시 시작이었다. 이후 보어는 자신이 초대한 전 세계의 젊은 과학자들을 작은 세계로 데려갔다. 몇 년 후 이들은 다시 한 번 인류와 물리학의 역사를 뒤바꾼다.

Physics of the Light

5 빛과 양자

intro

우리는 빛을 따라 여행하고 있다.
1905년 아인슈타인은 특수상대성이론을 발표했다.
곧 이어 우리가 아래로 떨어지는 이유도 알아냈다.
가장 큰 세계의 법칙이 우리의 삶을 변화시킨 이후
가장 작은 세계가 우리를 불러냈다.
보어는 그 세계의 문을 열고, 지도를 그렸다.
우리는 이제 그 문 안으로 들어가 보려고 한다.

"나는 **그 누구도 양자역학을 이해하지 못한다**고 마음 놓고 말할 수 있다."
– 리처드 파인만

Episode 05

남자가 불빛을 발견했을 땐, 늘 그렇듯이, 아주 늦은 밤이었다. 양자여관에 하룻밤 묵게 된 이 남자는 사실 이유도 모른 채 삶과 죽음의 문턱에 서게 되었다. 남자가 묵게 된 방에 독가스가 나오는 장치가 놓여 있었던 것이다. 독가스가 언제 나올지는 모른다. 남자는 아직 독가스가 나오는 장치가 설치된 줄 모른다. 독가스 발생 장치는 방사선 검출기와 연동되어 있다.

원자핵이 붕괴되어 방사선이 검출되면 망치가 유리병을 깬다. 그러면 유리병에서 독가스가 나온다. 원자핵이 언제 붕괴할지 모른다. 이 남자는 과연 살아서 양자여관을 나갈 수 있을까? 이 남자의 생사는 오직 여관주인이 볼 때만 알 수 있다. 주인이 보지 않을 때, 이 남자는 살았을까, 아니면 죽었을까.

솔베이 회의가 열렸던 건물. 지금은 에밀 자크맹 고등학교로 사용되고 있다.

1927년 제5차 솔베이 회의. 이 회의에 참석한 스물아홉 명 중 열입곱 명이 노벨상을 수상했다.
유일한 여성 참석자는 두 번이나 노벨상을 받은 마리 퀴리다.
첫째줄 가운데에 알베르트 아인슈타인이 앉아 있으며, 그 뒷줄에 원자 모델로 유명해진 닐스 보어가 앉아 있다.
셋째줄 오른쪽에 서 있는 베르너 하이젠베르크도 보인다.

1927년 10월 벨기에 브뤼셀에서는 제5차 솔베이 회의가 열렸다. 솔베이 회의는 물리학과 화학에서 해결되지 않은 문제를 풀기 위해 기업자 에르네스트 솔베이가 만든 것이다. 1927년 솔베이 회의의 주제는 전자와 광자였다. 이 회의에서 스타는 단연 알베르트 아인슈타인과 닐스 보어였다. 그때 아인슈타인의 나이는 마흔여덟 살이었고, 보어의 나이는 마흔두 살이었다. 두 사람은 전자와 광자에 대해 치열하게 토론했다.

전자 궤도를 버린 하이젠베르크

1924년 가을, 베르너 하이젠베르크Werner Heisenberg, 1901~1976는 당대 물리학계에서 가장 유명한 연구소의 초청을 받았다. 1920~30년대에 닐스보어연구소는 그야말로 물리학계의 심장이었다. 당시 닐스 보어는 전 세계의 똑똑한 젊은이들을 불러 모았고, 닐스보어연구소 출신 과학자들 가운데 많은 이들이 나중에 물리학 교수가 되거나 노벨상을 받았다. 연구원들이 한결같이 자랑스러워하는 건 자신이 닐스보어연구소의 일원이었으며, 보어의 제자였다는 사실이었다.

하이젠베르크도 자만과 패기 넘치는 젊은 과학자 그룹의 일원이 되어, 닐스보어연구소에서 인생에서 가장 충실한 시간을 보내게 된다.

닐스보어연구소는 세계에서 가장 유명한 물리학 연구소 중 하나로 예나 지금이나 젊은 물리학도들의 자유로움이 배어 있는 곳이다. 자유로운 분위기는 1920~30년대에도 마찬가지였다. 보어는 1916년 코펜하겐 대학의 이론물리학 교수가 된 이후, 닐스보어연구소에서 여러 물리학자들로 이루어진 코펜하겐학파를 이끌었다. 이 코펜하겐학파에는 폴 디랙Paul Dirac, 1900~1958, 볼프강 파울리Wolfgang Pauli, 1900~1958, 베르너 하이젠베르크가 속해 있었다. 이 연구소는 당대의 내로라하는 물리학자들을 단기 또는 장기로 초청하여 양자물리학의 새로운 화두들을 논의할 수 있는 무대를 제공했다.

하이젠베르크가 닐스보어연구소와 인연을 맺게 된 것은 보어가 괴팅겐 대학에서 강의할 때 보어의 원자 모델에 날카롭게 질문을 던진 대학 2학년 재학생 하이젠베르크를 눈여겨봤기 때문이었다.

닐스보어연구소에 온 하이젠베르크는 원자 모델에 매달렸다. 그는 보어를 유명하게 만든 원자 모델이 아무래도 마음에 좀 걸렸다. 원자란 물질을 구성하는 가장 작은 존재다. 하이젠베르크에게 이것은 논리적으로 원자가 간단해야 한다는 것을 의미했다. 그러나 그가 보기에 보어의 것은 좀 복잡했다.

Copenhagen interpretation

코펜하겐 해석

볼프강 파울리

베르너 하이젠베르크

폴 디랙

덴마크의 물리학자 닐스 보어.
1922년 노벨 물리학상을 받았다.
코펜하겐 해석을 주도한 과학자로는
폴 디랙, 볼프강 파울리
베르너 하이젠베르크 등이 있다.

보어의 원자 모델 안에서는 전자가 궤도를 따라 돈다. 그렇다고 원자 주변 어디서나 전자가 마음대로 도는 것이 아니라 정해진 궤도를 따라 돈다. 에너지를 흡수하면 위로 이동하고 에너지를 방출하면 빛을 내면서 아래로 이동한다. 이를 양자 도약이라고 한다.

보어의 원자 모델에는 한계가 많았다. 도대체 왜 전자가 궤도를 따라 도는지, 그리고 궤도를 따라 돌던 전자가 왜 갑자기 다른 궤도로 이동하는지, 모델을 만든 보어 자신도 그 이유를 설명하지 못했다.

그런데 하이젠베르크는 누구도 좀체 생각하지 못했던 방법으로 이 문제에 접근한다. 어떻게 보면 너무 간단한 방법으로 말이다. 사실 원자에서 궤도를 본 사람은 아무도 없다. 하이젠베르크는 보이지 않는 것을 눈으로 볼 수 있도록 표현하는 모든 것에 비판적이었으며, 의심을 품었다.

원자에서 전자가 움직일 때 나오는 빛은 선 스펙트럼을 만든다. 그가 원자 모델에서 확실히 알 수 있는 건, 선 스펙트럼의 진동수와 세기뿐이었다. 궤도를 본 사람은 아무도 없었다. 보어는 수소의 선 스펙트럼을 궤도를 이용해 설명해냈지만, 수소 말고 다른 원자에는 그 설명이 잘 맞지 않았다. 그렇다면 원자를 선 스펙트럼의 진동수와 세기, 이 두 가지 눈에 보이는 변수로 설명해야 하지 않을까. 하이젠베르크는

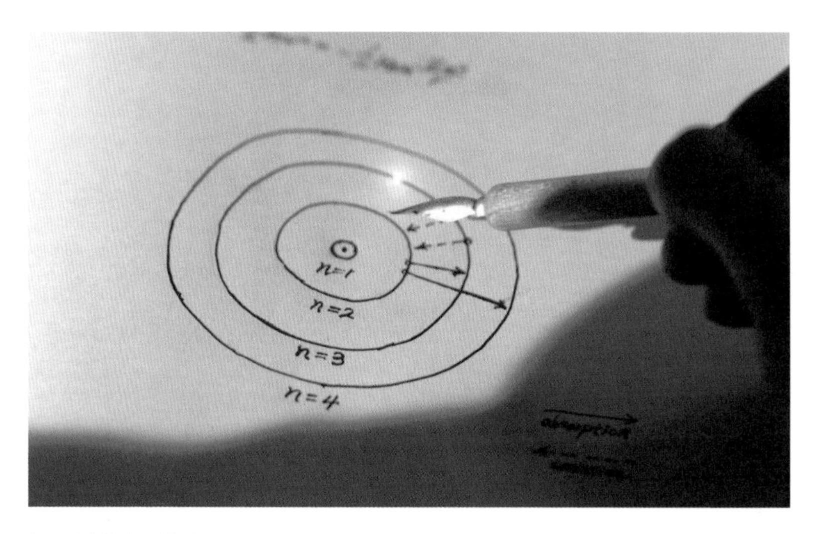

보어의 원자 모델은 전자가 정해진 궤도를 돈다.

하이젠베르크는 보어의 원자 모델에서 궤도를 버린다.

독일의 헬고란트 섬.
하이젠베르크는 이 섬에서
전자의 위치와
빠르기와 같은 특성은
곱할 때 순서가 중요하다는
사실을 깨닫는다.

과감한 선택을 내린다. 자신만의 방법으로 원자 세계의 문을 두드린 것이다. 하이젠베르크는 보어의 원자 모델에서 눈에 자주 거슬렸던 궤도를 버려버렸다. 그리고 오로지 확인 가능한 선 스펙트럼의 진동수와 세기만 붙잡았다.

때때로 영감을 떠올리는 데 대자연이 연구소보다 낫기 때문일까? 1925년 6월 초, 하이젠베르크는 휴양차 독일의 헬고란트 섬으로 떠났다가, 진전이 없던 원자 연구에서 큰 전환점을 맞게 되었다. 헬고란트에서의 어느 날 밤, 하이젠베르크가 깨달은 것은 스펙트럼의 진동수와 세기를 계산하려면 완전히 새로운 수학을 해야 한다는 것이었다. 그날 전자의 위치와 그 빠르기와 같은 특성은 곱할 때 그 순서가 의미를 가진다는 아이디어가 퍼뜩 떠올랐다. 이후 그는 그 밤을 '헬고란

독일 괴팅겐 대학. 하이젠베르크는
이 대학에서 지도교수인 막스 보른에게서
행렬 수학이라는 것을 듣게 된다.

트의 밤'이라고 불렀다.

1925년 하이젠베르크는 다시 독일의 괴팅겐 대학으로 돌아갔다. 그때만 해도 하이젠베르크는 전자의 위치와 그 빠르기는 곱할 때 순서가 무척 중요하다는 것을 알아차리긴 했지만 그것으로 무엇을 어떻게 해야 하는지 몰랐다. 지도교수 막스 보른Max Born, 1882~1970에게 행렬 수학이라는 것을 듣기 전까지는 말이다. 행렬이란 행과 열로 이루어진 수들의 배열이다. 행렬의 가로줄을 행, 세로줄을 열이라고 한다. 행렬은 양자역학을 기술하는 데 적합한 언어였다.

보통 곱셈에서는 앞의 수와 뒤의 수를 바꿔도 같은 답이 나온다. 그런데 행렬에서는 앞과 뒤를 바꿔 곱할 경우 완전히 다른 답이 나온다. 가령 A라는 행렬과 B라는 행렬이 있다고 할 때, 일반적으로 $AB \neq BA$이다. 하이젠베르크는 전자의 위치와 빠르기는 행렬과 마찬가지로 순서가 의미를 가진

하이젠베르크의
지도교수인 막스 보른.

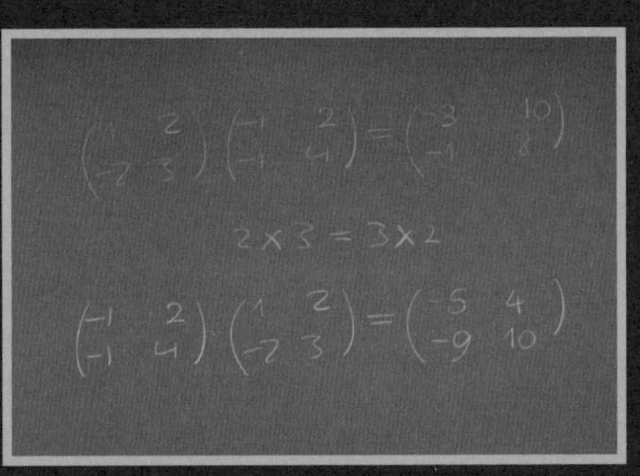

행렬에서의 곱셈은
일반적인 숫자의 곱셈과
달리 앞과 뒤의 순서가
매우 중요하다.

다는 아이디어에서 더 나아가 원자 속 전자의 진동수와 세기를 계산할 수 있는 공식을 만들어낸다. 신기하게도 이 공식은 원자에서 나오는 빛의 선 스펙트럼을 풀 때 딱 맞아떨어졌다.

1926년 봄, 하이젠베르크의 공식과 행렬역학은 곧바로 학계의 주목을 받았다. 베를린 대학에서 그를 초청했을 때 당시 베를린 대학의 교수였던 아인슈타인은 토론회가 끝난 뒤 그를 집으로 초대하기도 했다. 하이젠베르크로서는 대단한 일이었을 것이다. 노벨상 수상자인 데다가 상대성이론으로 세계적으로 유명했던 아인슈타인이 집으로 초대했으니 말이다.

아인슈타인이 하이젠베르크에게 던진 질문은 이랬다. "자네는, 왜 전자에서 궤도를 무시해버렸는가." 하이젠베르크의 답은 다음과 같았다. "궤도는 관찰이 안 되니까요. 전자가 우리가 생각하는 대로 움직인다는 보장이 어디 있나요?"

아인슈타인과 하이젠베르크의 대화는 세계관의 전쟁과 다름없었다. 세계를 그릴 수 있다는 사람과 그릴 수 없다는 사람 간의 화해할 수 없는 충돌이었다.

우리가 전자를 관찰할 수 있는 방법이 있다면 무엇일까? 일단 우리는 안개가 가득 낀 상자 안을 들여다보는 방법을 통해 전자가 흐르는 모습을 볼 수 있다. 아인슈타인은 실험실 안개상자 속에 보이는 전자의 궤적에서 궤도를 볼 수 있다고 여겼지만, 하이젠베르크는 그 궤적은 전자가 지나가면서 낸 효과에 불과할 뿐 전자의 궤도 자체는 아니라고 생각했다. 그리고 이때 관찰된 전자는 자유롭게 움직이는 전자이며, 결코 원자 내부에 속박된 전자는 아니라고 여겼다.

과연 궤도를 버린다는 것은 무엇을 의미하는 것일까? 궤도가 없다는 것은 전자의 움직임을 볼 수 없다는 것을 뜻한다. 다만 짐작할 수 있을 뿐이다. 하이젠베르크는 전자의 세계를 그림으로 그릴 수 없는 세계라고 판단했다.

슈뢰딩거의 파동방정식

1926년 때마침, 아인슈타인과 하이젠베르크의 전쟁에 기름을 붓는 논문이 발표되었다. 에르빈 슈뢰딩거Erwin Schrödinger, 1887~1961의 논문이었다. 이것 역시 원자에 관한 논문이었다. 아인슈타인과 당대 물리학자들은 슈뢰딩거의 논문을 아주 좋아했다. 하이젠베르크의 논문은 고전물리학의 기본 전제를 무시한 데다가 계산까지 아주 어려웠는데, 슈뢰딩거의 논문은 고전물리학의 체계 안에 있었다.

슈뢰딩거의 논문은 하이젠베르크가 결코 알 수 없다고 말한 전자의 궤도를 방정식으로 표현하고 있었다. 게다가 하이

3. *Quantisierung als Eigenwertproblem;*
von E. Schrödinger.
(Erste Mitteilung.)

§ 1. In dieser Mitteilung möchte ich zunächst an dem einfachsten Fall des (nichtrelativistischen und ungestörten) Wasserstoffatoms zeigen, daß die übliche Quantisierungsvorschrift sich durch eine andere Forderung ersetzen läßt, in der kein Wort von „ganzen Zahlen" mehr vorkommt. Vielmehr ergibt sich die Ganzzahligkeit auf dieselbe natürliche Art, wie etwa die Ganzzahligkeit der *Knotenzahl* einer schwingenden Saite. Die neue Auffassung ist verallgemeinerungsfähig und rührt, wie ich ... sehr tief an das wahre Wesen der Quantenvorschriften.

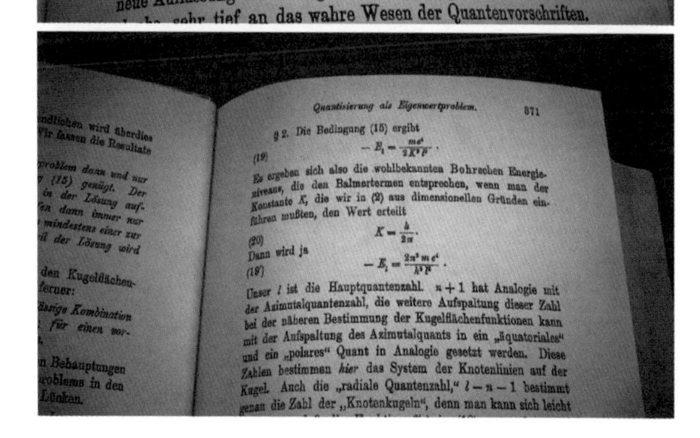

Quantisierung als Eigenwertproblem. 371

§ 2. Die Bedingung (15) ergibt

$$-E_l = \frac{me^4}{2K^2l^2}. \quad (19)$$

Es ergeben sich also die wohlbekannten Bohrschen Energieniveaus, die den Balmertermen entsprechen, wenn man der Konstante K, die wir in (2) aus dimensionellen Gründen einführen mußten, den Wert erteilt

$$K = \frac{h}{2\pi}. \quad (20)$$

Dann wird ja

$$-E_l = \frac{2\pi^2 m e^4}{h^2 l^2}. \quad (19')$$

Unser l ist die Hauptquantenzahl. $n + 1$ hat Analogie mit der Azimutalquantenzahl, die weitere Aufspaltung dieser Zahl bei der näheren Bestimmung der Kugelflächenfunktionen kann mit der Aufspaltung des Azimutalquants in ein „äquatoriales" und ein „polares" Quant in Analogie gesetzt werden. Diese Zahlen bestimmen *hier* das System der Knotenlinien auf der Kugel. Auch die „radiale Quantenzahl," $l - n - 1$ bestimmt genau die Zahl der „Knotenkugeln", denn man kann sich leicht

슈뢰딩거의 논문은 원자를 다룬 논문으로, 물질파 개념을 이용해 전자의 스펙트럼을 설명했다. 그의 파동방정식은 수학적으로 파동의 움직임을 기술하고 있다.

젠베르크의 행렬역학처럼 답이 딱딱 맞았다. 과정은 반대인데 결과가 같았다. 그리고 슈뢰딩거의 논문은 고전역학을 포함할 뿐 아니라 원자의 선 스펙트럼을 설명할 수 있는 더 확장된 이론이었다.

보어는 한눈에 이 논문의 내용을 알아봤다. 1926년 가을, 보어는 슈뢰딩거를 연구소에 초청했다. 코펜하겐학파는 그들 방식대로 아주 친절하게 슈뢰딩거를 맞아주었다. 이때 슈뢰딩거의 나이는 이미 마흔 살이었다.

에르빈 슈뢰딩거는 어떻게 학계의 주목을 받게 되었을까? 슈뢰딩거는 회화, 식물학, 고대문법, 화학, 독일시 감상에도 재능을 보인 종잡을 수 없는 사람이었고, 평생 공동 연구자 없이 독자적으로 연구를 진행한 사람이었다. 또 뭇 여성들과의 스캔들을 일으킨 과학자로 유명하다. 진보적인 사람은 아니었고, 세상을 자신만의 원칙으로 사는 사람이었다. 어느 날 슈뢰딩거는 아인슈타인이 크게 칭찬했다는 논문을 한 편 보게 되었다. 아인슈타인의 빛 이론을 물질에까지 확장시킨 논문이었다. 그 논문의 내용은 그에게 무척이나 충격적이었다.

당연히 입자인 줄로만 알았던 전자가 입자의 성질뿐 아니라 동시에 파동의 성질을 가지고 있다는 내용이었다. 당시 과학계에서는 빛이 파동이냐 입자이냐를 놓고 오랫동안 격

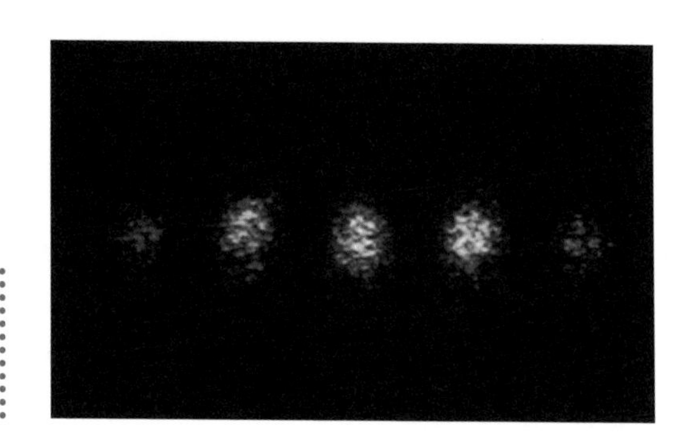

이중슬릿 실험 결과로 나타난 모습. 광자(photon)를 하나씩 쏘았을 때 반대편 벽에 간섭무늬가 나타난다.

론을 벌인 끝에 빛이 파동의 성질을 가진 것이라는 결론을 내렸다가 다시 아인슈타인에 의해 입자의 성질도 있는 것으로 결론이 나 있었다. 그런데 입자였던 전자도 파동의 성질을 갖는다는 것이다. 전자는 이른바 물질파였다. 입자이면서 동시에 파동인 물질파라니! 그 논문의 내용에 슈뢰딩거의 머릿속이 환해졌다.

물질이 입자의 성질을 가지면서 동시에 파동의 성질을 갖는다는 건 도대체 무슨 뜻일까?

이것을 다루기 위해선 저 유명한 이중슬릿 실험을 이야기할 수밖에 없다. 구멍이 1개인 슬릿과 구멍이 2개인 슬릿을 세로로 세워놓고 빛을 쏘면, 슬릿을 통과한 빛은 뒷벽에 마루와 골이 선명한 무늬를 만들어낸다. 두 개의 구멍을 통과한 파동이 간섭 현상을 일으키기 때문이다. 그럼 빛 대신 전자를 쏘면 어떻게 될까? 전자가 단순한 입자라면 직진할 것이다. 실제로 전자총으로 1개의 전자를 쏘면 자국이 1개만 남는다. 이럴 때 전자는 입자 같다. 그런데 여러 번 전자를 발사하면 이야기가 달라진다. 슬릿 뒤쪽 부분에 도달한 전자의 자국을 보면, 빛을 쏠 때 생기는 간섭 현상이 전자를 쏘았을 때도 나타난다. 이는 전자가 빛처럼 파동이라는 것을 뜻한다.

도대체 이건 무슨 상태일까? 예를 들면, 골대를 향해 축구공을 발로 찰 때에는 하나의 축구공이었지만 골키퍼 앞에서는 공이 여러 개인 것처럼 보이다가 골대의 그물을 출렁이며 떨어질 때는 공이 하나가 되는 것과 유사하다. 그러니까 전자는 어느 한 위치에 고정되어 있지 않고 파동의 형태로 다양한 위치에 존재한다. 전자는 파동의 성질과 입자의 성질을 지닌 물질파로서 존재하는 것이다. 우리는 과연 이것을 어떻게 해석해야 할까. 다시 보어의 원자 모델로 돌아가보겠다.

보어는 전자를 궤도 위에 올려놓았지만 왜 특정 궤도에 전자가 있는지 설명하지 못했다. 그러던 차에 하이젠베르크는 전자의 궤도를 없애버렸다. 그는 오직 스펙트럼의 세기와 진동수만을 가지고 원자를 설명했다. 그러나 슈뢰딩거는 파동으로 된 궤도를 다시 살렸다. 전자는 그 궤도에서 돈다. 그리고 슈뢰딩거는 전자가 파동의 성질도 가지고 있다는 물질파 개념을 이용해 전자의 움직임을 설명해낸다.

그러면 왜 전자는 특정 궤도에만 있는가? 슈뢰딩거는 전자가 이 궤도에 딱 맞는 정상파 위에서 움직이기 때문이라고 생각했다. 슈뢰딩거의 방정식은 그것을 증명하는 공식이다. 슈뢰딩거의 방정식은 다음과 같이 생겼다. 언뜻 봐도 어려워 보이는데, 실제로 이 방정식은 미분방정식에 능숙해야만 이해할 수 있는 방정식이다. 이 방정식을 이용하면 파동함수를 구할 수 있는데 이 파동함수를 통해 특정한 조건에서 움직이는 전자가 어떤 물리량을 갖고 어떻게 운동하고 있는지를 알 수 있다. 여기서는 그 식을 보여주는 데 만족하기로 하겠다.

$$i\hbar\frac{\partial|\psi\rangle}{\partial t} = \hat{H}|\psi\rangle$$

파동함수 ψ(프사이)는 궤도함수라고도 불리는데, 이것을 토대로 이후에 원자 속의 전자의 위치를 보여주는 오비탈 모형이 탄생했다.

슈뢰딩거는 스위스의 아로사를 여행할 때 이 파동방정식을 완성시켰다. 아로사 여행은 슈뢰딩거에게 많은 영감을 불러일으킨 여행이었다. 당시 슈뢰딩거는 원자 안에서 전자가 어떻게 존재하는지를 고민하고 있었다.

스위스의 아로사. 슈뢰딩거는 아로사를 여행할 때
원자 속 전자들의 움직임을 기술하는 파동방정식을 완성했다.

완벽한 공식은 대자연처럼 아름답고 또 간결하다. 어쩌면 슈뢰딩거는 대자연을 보면서 수학적으로 완벽한 어떤 것을 떠올렸을지도 모른다. 대자연이 지닌 완벽함처럼, 슈뢰딩거의 방정식도 끊어진 데 없이 완벽한 원자를 설명하고 있다. 슈뢰딩거는 다음과 같이 이야기하기도 했다. "수학적으로 완벽하고 계산이 간결하며 전자의 행동 방침이 어떤지 우리는 마음으로 그릴 수 있다."

보어는 전자를 궤도 위에 올려놓았고, 하이젠베르크는 보이지 않는다고 궤도를 없애버렸지만, 슈뢰딩거는 다시 물질파 개념을 이용해 궤도를 다시 살려놓았다.

보어는 슈뢰딩거가 어떻게 정반대의 방법으로 하이젠베르크와 똑같은 결과를 얻었는지 듣고 싶었다. 슈뢰딩거는 보어에게 의기양양하게 전자의 궤도를 살려놓은 과정을 설명했

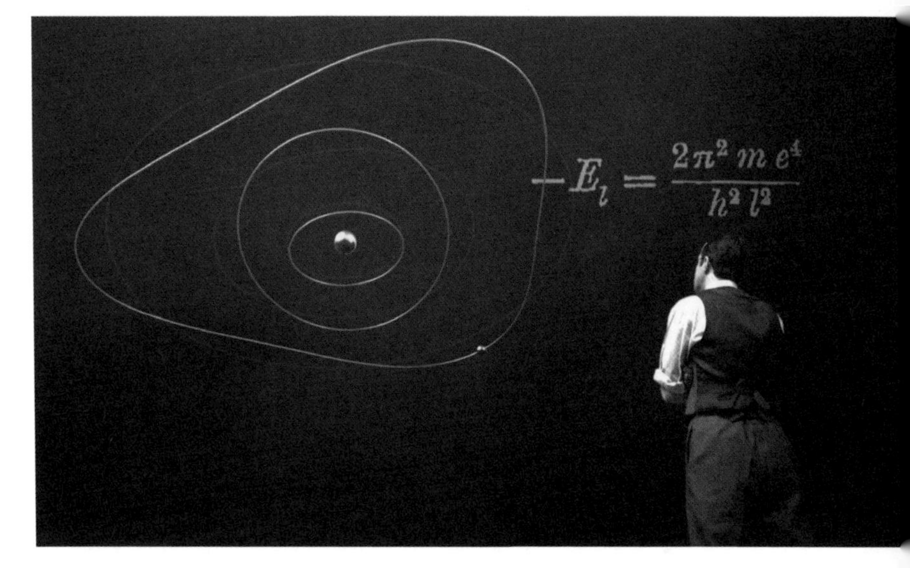

슈뢰딩거는 물질파 개념을 이용해 전자를 궤도에 다시 올려놓고자 했다.

다. 그 어떤 질문도 척척 잘 받아냈다. 그런데 보어가 던진 마지막 질문에는 쉽게 대답하지 못했다. “그런데 왜 전자가 궤도를 뛰어넘는가?” 전자를 입자라고 보든지 파동이라고 보든지 간에 불연속성은 그대로 남아 있었던 것이다. 슈뢰딩거는 전자의 모양과 행동 패턴을 파동으로 마음에 그릴 수 있다고 생각해왔는데, 전자는 마음에 그릴 수 있는 그런 모양과 행동 패턴으로 움직이지 않는다는 결론이 나버리고 말았다. 다시 말해 슈뢰딩거는 전자를 볼 수 없다는 하이젠베크

르와 똑같은 결론에 도달하고야 만 것이다.

그날 슈뢰딩거는 망연자실하여 "양자 도약이 없어지지 않으리라는 걸 미리 알았다면 결코 시작도 하지 않았을 텐데."라고 말했다고 한다. 슈뢰딩거는 그날 보어의 마지막 질문에 대답하지 못한 것을 인정했다. 하지만 그는 언젠가 양자 개념은 사라지고 세계는 연속성을 회복할 것이라고 굳게 믿었다.

어쩌면 이것은 한 시대의 종말을 의미하고 있는지도 모르겠다. 새로운 것을 현재의 시각으로 해석할 때 사람은 실수를 하곤 한다. 그러나 슈뢰딩거의 방정식은 오늘날까지도 양자역학의 핵심에 자리 잡고 있다. 공식을 먼저 만들고 이유는 나중에 가서야 이해했던 것이 양자역학이었다. 양자역학은 그만큼 어렵고 또 그만큼 달랐다. 그래서 해야 할 일도 많았다.

하이젠베르크가 확신을 갖고 원자의 세계에서 전자가 어떻게 움직이는지를 규명하는 일에 몰두해 있을 무렵, 마침 슈뢰딩거의 생각이 옳지 않다는 증거가 나왔다. 슈뢰딩거의 파동은 하나의 공간 안에 있다. 그런데 입자가 늘어나면 그 공간에 더 이상 적용할 수 없다. 이는 하이젠베르크의 지도교수인 막스 보른이 밝혀낸 사실이다.

보른이 보기에, 슈뢰딩거 방정식에 나오는 파동함수 프사이는 가상적 공간에 존재하는 것이며 실제로 진동하는 파동

독일 괴팅겐 대학의 막스 보른 강의실.

막스 보른은 슈뢰딩거의 파동함수를 확률함수라고 해석했다.
보른은 슈뢰딩거의 방정식을 통해 전자가 가진 에너지를 확률로 구할 수 있다고 여겼다.

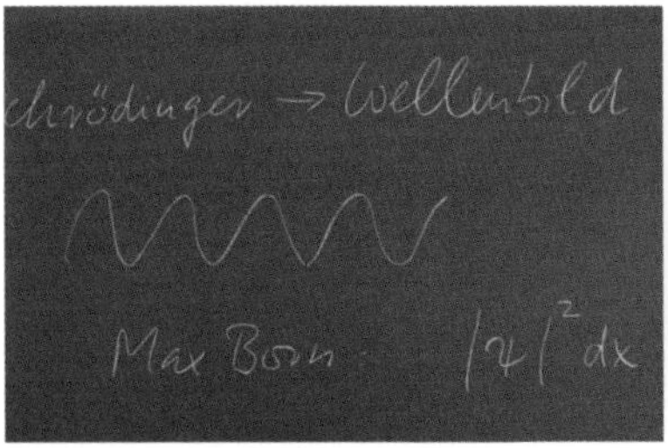

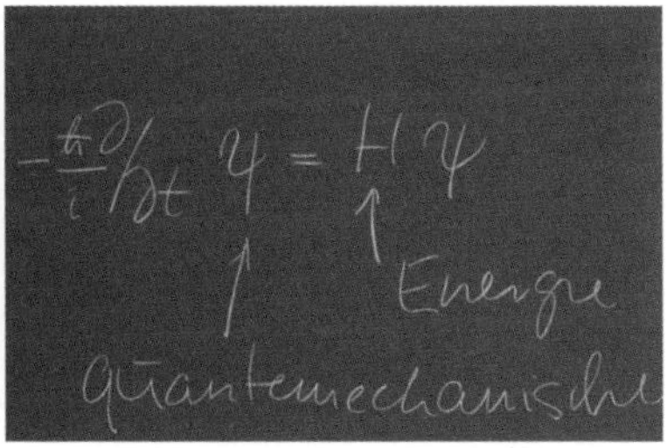

을 묘사한 것이 아니었다. 파동함수는 허수를 포함하고 있기 때문에 그 자체로는 아무 의미가 없었다. 그런데 의미 없는 프사이를 제곱해보니 확률이 나타났다.

막스 보른은 일명 '확률 해석'이 필요하다고 보았다. 말하자면 입자 하나가 하나의 특정 지점에 확률적으로 존재한다고 확신했다. 이것은 아인슈타인이 더 이상 공감하지 못한 부분이었다.

슈뢰딩거가 묘사했던 파동은 의미가 없어져버렸다. 슈뢰딩거는 방정식을 통해 구한 파동함수가 실제 전자의 파동을 나타낸다고 생각했지만, 보른의 생각은 달랐다. 보른은 전자가 어떤 공간에 확률로 존재한다고 해석했다. 전자가 확률로 존재한다니! 이건 무슨 뜻일까?

아마도 혹자는 도대체 이 이야기의 끝이 어디인가 하고 생각할 것이다. 당연하다. 양자역학의 대가였던 리처드 파인만 Richard Peynman, 1918~1988은 이 세상에 양자역학을 제대로 이해하고 있는 사람은 아무도 없다고 말할 정도였다. 좀 더 인내심을 가지고 이야기를 따라가보자.

전자는 확률적으로 존재한다

주사위를 던져서 세 개의 컵 가운데 한 곳에 집어넣는다고

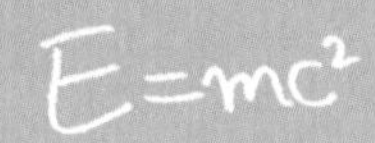

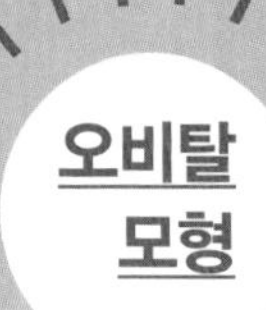

오비탈 모형

슈뢰딩거의 파동함수 Ψ에 근거한 오비탈 모형은 전자의 위치와 운동 경로를 정확하게 알려주지는 않는다. 다만 이 오비탈 모형은 전자가 아주 높은 확률로 존재할 것이라 여겨지는 영역을 보여준다. 오비탈을 전자구름이라고도 부르는데, 이는 전자가 발견될 확률을 점으로 찍었을 때 마치 핵 주변에 퍼져 있는 구름처럼 보이기 때문이다.

오비탈 모형은 보어의 원자 모델처럼 전자가 핵 주위의 궤도를 도는 것처럼 묘사하는 대신, 핵 주위에 확률적으로 존재하는 전자의 위치를 보여준다. 즉 전자가 발견될 확률을 보여준다. 그러면 확률이 높은 곳은 어디일까? 전자가 발견될 확률이 높은 곳은 전자가 많이 지나가는 곳이다.

오비탈 모형은 핵을 동그랗게 둘러싼 원형 궤도와는 확연히 다른 모양을 보여준다. 둥그런 공이나 도넛, 아령 등의 모습을 띠고 있다.

오비탈의 종류에는 s오비탈, p오비탈, d오비탈, f오비탈이 있는데, 종류에 따라 방향성이나 들어갈 수 있는 전자의 개수에서 차이를 보인다. 가령 공 모양의 s오비탈은 방향성이 없지만, 아령 모양의 p오비탈의 경우 방향성이 다른 3개의 오비탈이 있다.

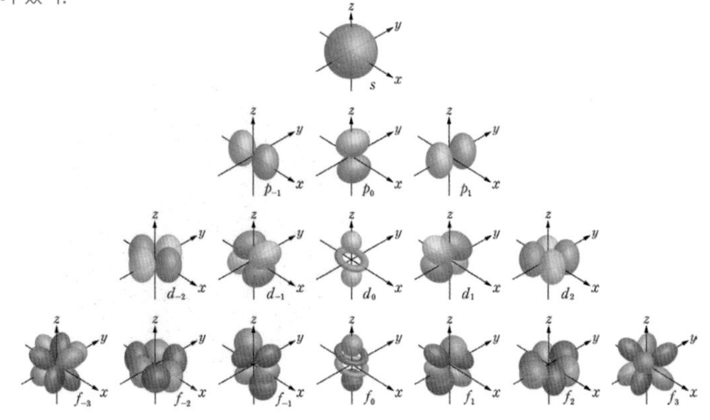

할 때, 그중 하나의 컵에 주사위가 들어 있을 확률은 3분의 1이다. 이렇듯 일상에서 확률은 감각적으로 경험된다. 이러거나 저러거나다. 그러면 눈앞에 보이는 큰 빌딩이 거기에 서 있을 확률은 얼마인가? 이것을 과연 확률로 얘기해줄 수 있을까? 아마도 여러분은 말이 안 된다고 생각할 것이다. 그러나 상식과 선입관, 그리고 지금까지 믿고 있는 법칙 같은 것들을 잠시 내려놓아보자. 이것이 말이 되는 세계가 있다. 물론 양자의 세계다.

과연 전자의 위치를 확률적으로 알 수 있다는 말은 도대체 무슨 뜻일까?

늦은 밤 양자여관을 찾은 손님 이야기를 해볼까 한다. 이 양자여관의 현관문은 두 개다. 현관으로 갈 때까지는 분명한 사람이었다. 그런데 한 사람이 환영처럼 두 사람이 되어 현관문으로 들어간다면? 이런 일이 어떻게 가능할까? 밖에서 보는 사람은 결코 이해할 수도, 알 수도 없는 일이다. 두 개는 전혀 다른 세계다. 물론 눈에 보이는 우리 세계에서는 불가능한 일이다.

일반적인 주사위를 던져서 주사위의 눈이 6일 확률은 6분의 1이다. 양자의 세계를 이해할 수 있는 열쇠는 바로 확률이다.

먼저 공을 상자에 넣는다.

그리고 상자의 뚜껑을 닫는다.

상자 가운데를 칸막이로 막아보자.

상자의 뚜껑을 열면 어떻게 될까?

공은 왼쪽 혹은 오른쪽에 있을 것이다.

양자역학적인 관점에서 보면, 상자 속의 공은 뚜껑이 열리기 전까지는 왼쪽이든 오른쪽이든 확률적으로 존재한다.

확률적으로 존재한다는 것은 다음과 같은 것이다. 손에 잡고 있는 하나의 구슬을 전자라고 치자. 구슬을 상자 안에 넣는다. 상자를 흔든 다음에 상자를 두 칸으로 나누는 칸막이를 꽂는다고 하자. 그러면 이 전자는 두 칸 중의 한 칸에 들어 있을 것이다. 상자를 열어보았을 때 왼쪽에서 발견되었다고 해서 원래 전자가 왼쪽에 있었다고 할 수 없다. 왼쪽과 오른쪽, 양쪽에 존재하던 전자가 왼쪽에 존재하는 상태로 변한 것이다. 양자론에서는 상자의 뚜껑을 열어서 확인해보기 전에는 전자가 좌우 양쪽에 동시에 존재하고 있다고 본다. 그러니까 전자 1개가 같은 시각에 여러 곳에 존재한다는 것이다. 이건 여러 개로 늘어나는 게 아니다. 물론, 이해하기가 어려운 부분이다. 이 안에서는 상식을 버리고 물체의 존재에 대한 근본적인 생각을 바꾸는 게 좋다. 그래야 이 양자의 세계를 조금이라도 이해하게 된다.

지금 우리도 그렇지만 당시의 아인슈타인도 이것을 이해하지 못했다. 아인슈타인은 양자론이 많은 걸 말하고 있지만 정작 우리가 알고자 하는 답으로 우리를 인도하진 않는다고 생각했다. 아인슈타인은 절대적인 존재는 없고 확률적인 존재만 가능하다는 보른에게 편지를 쓴다. “어쨌든 신은 주사위 게임을 하지 않아.”

다시 이중슬릿 실험으로 돌아가보자. 구멍이 두 개 뚫린

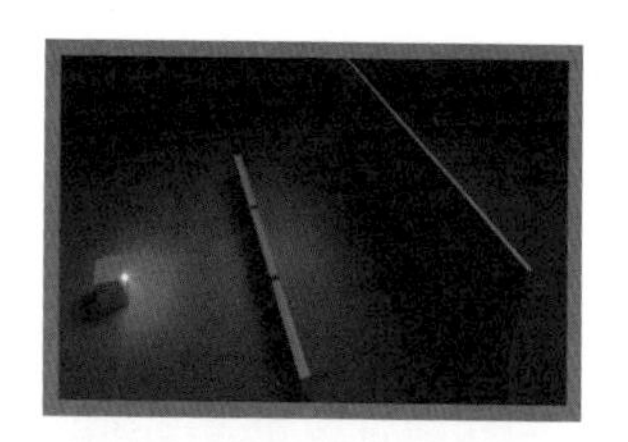

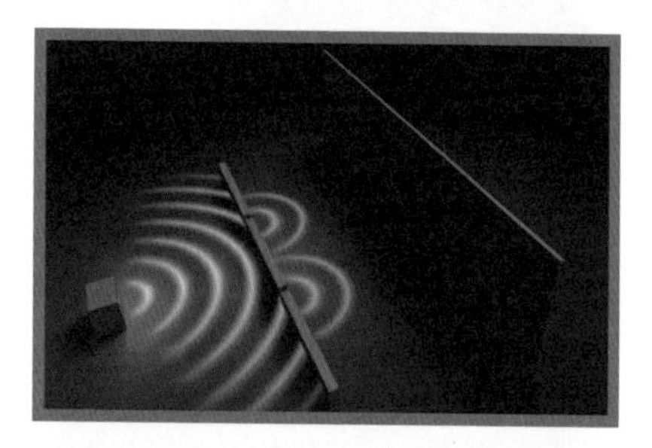

구멍이 두 개 뚫린 슬릿에
전자를 통과시키면,
벽에 마루와 골이
선명하게 그려진다.

슬릿에 광자와 전자를 통과시켜보면, 광자와 전자는 이중슬릿에서 똑같이 반응한다. 하나씩 쏘아보면 벽에 마루와 골이 선명하게 그려진다.

전자총으로 전자를 쏘면 전자는 벽에 가 닿는다. 그런데 그 사이 전자는 어디에 있는 것일까? 우리는 마지막 벽에 닿았을 때 전자가 어디에 있는지 확실히 안다. 그런데 그 전에 전자는 확률로 존재한다.

확률이론에 의하면 전자는 진폭이 큰 곳에서 발견될 확률이 높다. 발견되기 전까지 전자는 다양한 위치에 공존하고 있는 존재다. 간섭 현상으로 진폭이 두 개가 되는 곳에서는 전자가 발견될 확률이 두 배가 된다. 서로 상쇄가 되는 곳에서는 전자가 발견될 확률은 0이다. 그리고 전자 운동의 미래는 우연에 의해 지배된다. 정확히 예측하기가 어렵다.

관측한다는 것의 의미

도대체 입자 하나가 구멍 두 개를 통과할 때 무슨 일이 벌어지는 것일까? 이것이 바로 보어와 하이젠베르크, 당대 물리학자들이 고민했던 문제다.

원자의 세계에서 전자가 확률로 존재한다는 말을 이해하려면, 보어와 하이젠베르크야말로 상식을 버려야 했다.

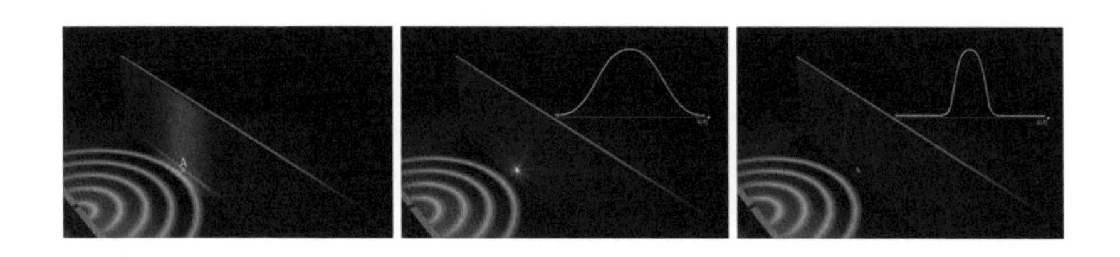

A지점에서 전자가 발견되었다면, 발견되는 순간 A지점의 확률은 1이 되며, 다른 지역의 물질파들은 모두 사라진다.

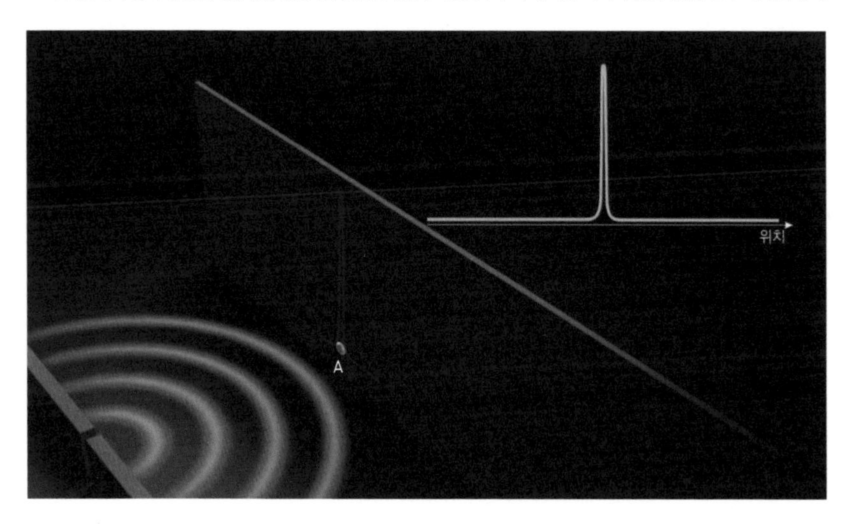

눈에 보이지 않는 세계로 가는 것은 달나라로 가는 것보다 더 어려웠다. 보어와 하이젠베르크는 간신히 희미한 불빛에 의지한 채, 발아래 무엇이 있는지도 모른 채 그 빛을 따라갔다.

보어는 슈뢰딩거의 파동방정식도 의미가 있다고 여겼다. 그러나 하이젠베르크는 이를 받아들이려 하지 않았다. 그들은 막스 보른의 확률이론을 놓고 더 충격적인 것을 생각해냈다. 바로 물질파의 수축이다.

이중슬릿을 통과한 전자는 벽 어디에서나 발견될 수 있다. 만약 A지점에서 전자가 발견되었다면 발견되는 순간 A지점의 확률은 1이 되며, 다른 지역의 물질파들은 모두 사라지게 된다. 이들은 이렇게 사라지는 것을 수축이라고 보았다. 그리고 단번에 궤도를 없애버렸던 하이젠베르크답게, 하이젠베르크는 정작 전자가 무엇인지 전혀 고려하지 않고 물질파(전자)의 사용 방법에 관심을 기울였다.

그럼 왜 하필 A지점에서 수축이 일어나는 것일까? 미지의 영역에 처음 들어가는 사람들이었으므로 그것도 설명해야 했다.

다시 양자여관으로 가보자. 두 개의 문을 동시에 통과하는 불가사의한 존재를 목격한 이후 여관주인은 문에 감시 장치를 설치한다. 손님이 어떻게 두 사람으로 나뉘는지 감시 어느 날 밤, 한 남자가 양자여관을 찾았다.
이 양자여관의 현관문은 두 개다.

어느 순간 남자는 두 사람으로 나뉘어
두 개의 현관문으로 동시에 들어온다.

그러나 실제로 들어온 사람은 한 사람이었다.

감시 장치를 설치하면 어떻게 될까?

감시 장치를 설치하면 두 개의 현관문 중
하나의 현관문으로 한 사람이 들어온다.
양자여관을 찾은 남자의 이런 모습은 양자
세계의 전자의 모습과 유사하다.

카메라가 찍을 것이라 기대하면서 말이다. 그런데 감시 장치를 설치했더니 손님이 두 사람으로 나뉘지 않았다. 이건 또 어떻게 된 것일까? 그러니까 처음엔 사람이 두 명으로 나뉘어져 문을 통과했는데, 감시 장치를 달았더니 그런 현상이 일어나지 않았다. 감시 카메라를 바꿔 달아도 마찬가지였다.

이중슬릿 실험에도 마찬가지의 현상이 나타난다. 관측 장치 없이 전자가 이중슬릿을 통과할 때에는 간섭무늬가 나타나지만, 관측 장치를 붙이면 간섭무늬가 나타나지 않는 것이다. 첫 번째 슬릿을 통과하던 전자는 관측에 의해 수축이 일어나 파동이 사라지고 입자가 됐다. 두 번째 슬릿에서도 마찬가지다. 전자가 이중슬릿 중 하나를 통과했다고 알아버리는 순간 벽에는 더 이상 간섭무늬(파동 형태)가 나타나지 않는다.

양자여관에 묵고 있는 손님은 이해하기 어려운 존재다. 물리학에서 이런 은유는 종종 본질을 호도하지만 우리는 이런 식이 아니면 그를 알 수가 없다. 파동인 물질, 전자는 보기 전에는 여기저기 존재한다. 파동인 전자가 갑자기 수축해 입자가 되는 경우는 볼 때, 즉 관측할 때이다. 어떤 것을 본다는 것, 그것만으로 상태가 변해버린다. 아무도 다치지 않게 하는, 단지 본다는 행동, 이 세계의 아주 사소한 움직임이 저 안의 세계를 폭풍으로 몰아넣을 수 있다. 즉 양자 세계에서 관측은 절대 무시할 수 없는 행위이다.

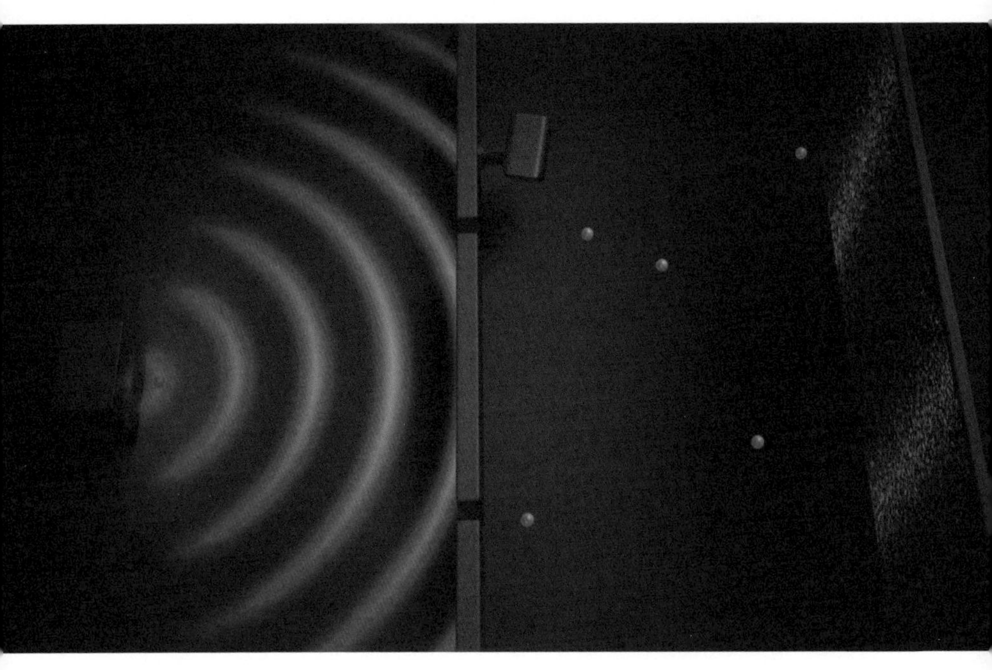

전자가 이중슬릿을 통과할 때 관측 장치가 있을 경우에는
더 이상 간섭무늬가 나타나지 않는다.
이때 전자는 입자의 특성을 보인다.

슈뢰딩거의 고양이는 과연 죽었을까, 살았을까

궁금한 점이 생긴다. 물질파, 전자 같은 것은 우리가 보지 않을 때만 존재하는 것일까? 물질파가 있기는 한 것일까? 우리가 보고 있을 때만 입자로 행동하고 보지 않을 때는 파동 형태로 있다는 건 입자가 어떠한 '의식'을 가지고 있다는 얘길까? 슈뢰딩거도 그런 점이 몹시 궁금했다. 그래서 슈뢰딩거의 고양이라는 한 가지 역설을 제시했다.

슈뢰딩거는 고양이를 예로 들어 이 상황을 따져 물었다. 고양이가 갇힌 상자에는 독가스가 나오는 장치가 있다. 원자핵이 붕괴되어 방사선이 검출되면 망치가 유리병을 깨고, 그러면 유리병에서 독가스가 나온다. 고양이의 생사를 확인하지 않은 상태에서, 이 고양이는 과연 죽었을까, 살았을까? 보지 않을 땐 알 수 없다. 지금 이 순간엔 확률적으로 죽은 상태와 살아 있는 상태가 공존할 뿐이다. 슈뢰딩거는 궁금했다. 과연 반은 죽어 있고 반은 살아 있는 고양이가 말이 되는가? 구멍을 열어서 확인해보기 전까지 상자 안의 고양이가 죽었는지 살았는지 알 수 없다면, 고양이는 죽은 걸까, 산 걸까? 물론 이 질문은 아직도 그 해답을 찾지 못하고 있다.

아인슈타인도 이해하지 못했다. 그러면 밤하늘에 떠 있는 저 달은 보고 있을 때만 존재하는 것인가? 보고 있지 않을 때 달은 확률로만 존재하는 것인가? 달은 있을 수도 있고,

원자핵이 붕괴되어 방사선이 검출되면 망치가 유리병을 깨고 그로 인해 독가스가 나오는 방에 고양이 한 마리를 가두었다면, 방문을 열기 전까지 우리는 고양이가 죽었는지 살았는지 알 수 없다.

달을 보고 있지 않을 때 달은 확률로만 존재하는 것일까?
달은 보고 있을 때만 존재하는 것일까?
아인슈타인은 전자가 확률로 존재한다는 보어와 하이젠베르크의 해석에 의심을 품었으며,
끝까지 양자역학을 신뢰하지 않았다.

없을 수도 있고, 혹은 다른 모습일 수도 있는 것인가?

어느 날 하이젠베르크가 실의에 빠져 창문 밖을 보고 있었을 때, 번쩍 어떤 생각이 그의 머릿속을 지나갔다.

'왜 원자 안을 볼 수 없을까? 왜 직관적으로 이해할 수 없을까?' 하이젠베르크는 생각했다. 그것은 원자가 단순히 작아서가 아니었다. 하이젠베르크는 원자라는 것이 본질적으로 이해할 수 없는 것이라는 결론을 내렸다. 그리고 그것을 토대로 전자의 움직임을 이론화했다.

하이젠베르크와 불확정성의 원리

그렇다면 이 세계에서 원자를 보려면 어떻게 해야 할까? 빛을 비춰서 보면 된다. 원자 안에 우선 약한 빛인, 파장이 긴 빛을 비춰보자. 전자의 운동량엔 큰 변화가 없어서 파악할 수는 있는데 전자의 위치는 희미하다. 센 빛인, 파장이 짧은 빛을 쏘아보면 어떨까? 센 빛을 쏘이면 전자는 선명히 보이지만 센 빛 때문에 운동량이 변한다. 전자의 위치는 알 수 있지만 운동량은 측정이 안 되는 것이다.

이것이 바로 하이젠베르크의 '불확정성의 원리'다. 위치를 정확히 재려고 하면 전자의 운동량이 불확실해지고, 전자의 운동량을 보려고 하면 어디에 있는지 위치가 정확히 파악되

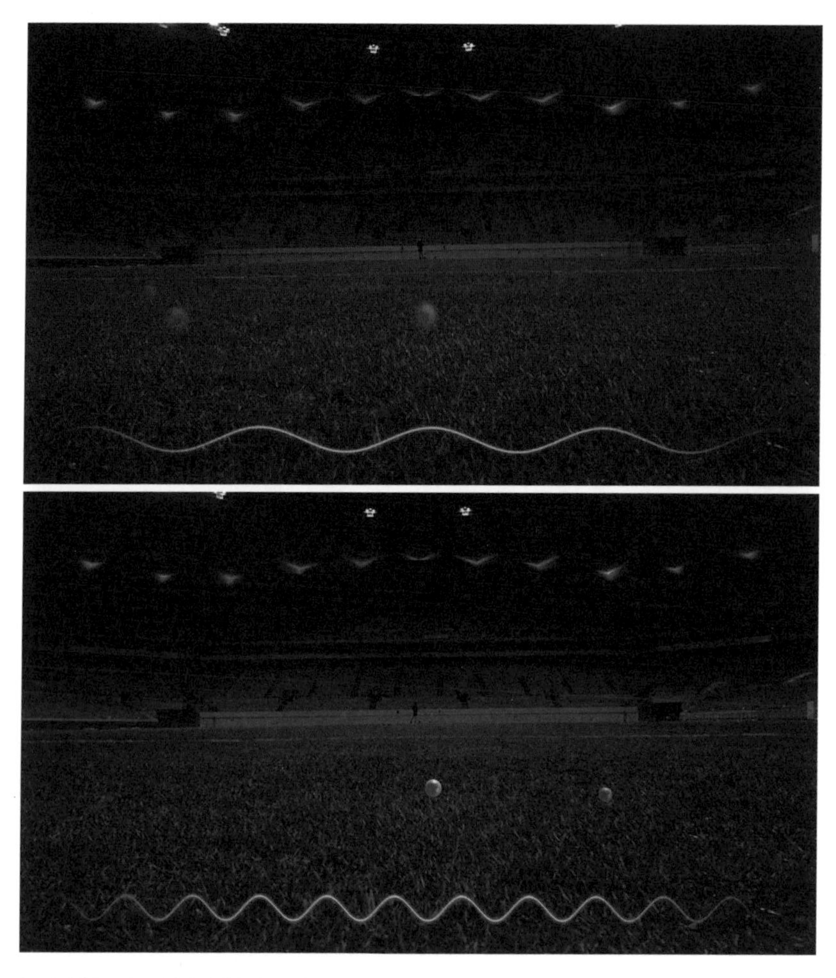

- 하이젠베르크는 전자의 위치와 전자의 운동량을 동시에 정확하게 잴 수 없다면서 '불확정성의 원리'를 제시했다.
- 하이젠베르크는 전자의 위치를 정확히 재려고 하면 전자의 운동량이 불확실해지고 전자의 운동량을 정확히 재려고 하면 전자의 위치를 알 수가 없다고 설명했다.

지 않는다. 즉 위치와 운동량을 동시에 정확하게 잴 수가 없다.

결국 우리는 전자가 어디에 있는지 제대로 알 수가 없다. 코펜하겐학파가 최종적으로 생각한 원자 모델은 다음과 같다. 전자는 안개처럼 뿌옇다. 이전 세상은 모든 것이 예측 가능했지만, 이제 세상은 아무것도 예측할 수 없는 불확정성으로 가득 찬 모호한 세계가 되고 말았다.

상식적으로 생각하면, 우리의 몸은 벽을 뚫고 지나갈 수 없다. 그러나 양자역학적인 관점에서 보면 확률이 극히 낮을지라도 우리 몸은 벽을 뚫고 지나갈 수 있다. 벽에 구멍을 뚫을 수 있다는 게 아니라 우리 몸이 벽을 통과한다는 얘기다. 몸을 구성하는 전체 입자들이 벽을 통과하는 행운을 동시

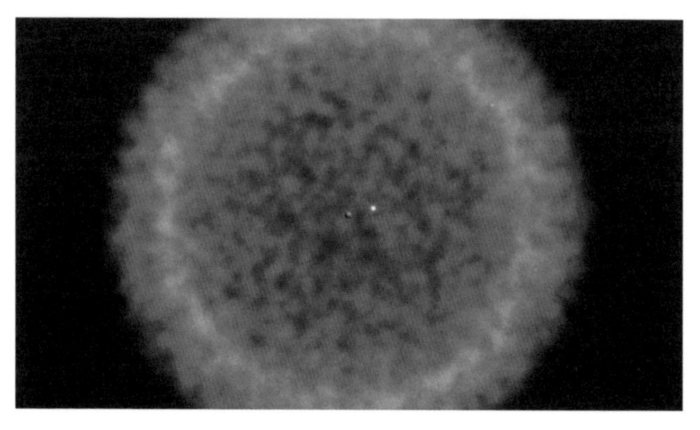

코펜하겐학파가 떠올린 원자 모델에서 전자는 안개처럼 뿌옇다. ⁝

에 누린다면 말이다. 확률이 낮지만 0은 아니다. 1초에 한 번씩 벽에 부딪힌다고 할 때, 그리고 137억 년이라는 우주 나이보다 더 긴 시간 동안 꾸준히 부딪힌다고 할 때 한 번 통과하는 정도의 확률이다. 거시 세계에 사는 우리는 결코 이 양자 세계를 이해할 수가 없다. 예측할 수도 없다.

다시, 1927년 솔베이 회의

1927년 솔베이 회의에 참석한 하이젠베르크와 보어는 이 회의에 참석한 아인슈타인에게 새로운 세계를 보여주고 싶었다. 아인슈타인은 절대적 시간과 공간을 없애고 광속의 불변함을 제시하면서 거시 세계를 밝힌 사람이었다. 사실 원자라는 이 놀라운 세계도 광자를 발견한 아인슈타인이 열어준 것이나 다름없었다.

코펜하겐 해석은 회의에 참석한 사람들에게 큰 충격을 안겼다. 그들 중 극소수는 이전과는 전혀 다른 세계의 문이 열렸다는 것을 직감했다. 확률 해석, 측정이론, 불확정성 원리 등 코펜하겐 해석은 전혀 새로운 것이었다. 코펜하겐 해석의 최정점은 보어의 상보성 원리였다.

하이젠베르크는 불확정성 원리가 양자의 세계를 열어줄 것이라고 생각했다. 보어는 자신의 이론, 상보성 원리를 양자

양자역학과 관련해 보어와 아이슈타인은 격렬하게 부딪쳤으며,
아인슈타인의 비판에 맞서면서 양자역학은 점점 더 이론적으로 정교해졌다. 

역학의 가장 높은 곳에 세우고 싶어 했다. 보어의 상보성 원리는 어떤 물리계의 한 측면에 대한 지식은 그 계의 다른 측면에 대한 지식을 배제한다는 것으로, 위치-운동량의 불확정성은 미시 세계의 위치와 운동량이 상보적 관계에 있기 때문이다.

하이젠베르크와 보어의 싸움은 극에 달했다. 이건 인간의 한계가 아니다. 거시 세계의 언어로 미시 세계를 기술하지 못하는 언어의 한계이자 동시에 세계의 한계였다. 두 사람은 아인슈타인은 죽을 때까지 자신의 관점을 바꾸지 않았다. 아인슈타인의 비판에 대한 답을 생각하는 과정에서 양자역학은 더욱 발전했다.

1932년 하이젠베르크는 불확정성 원리와 양자역학을 창시한 업적으로 노벨 물리학상을 수상했다.

1933년 '원자이론의 새로운 형식의 발견'으로 슈뢰딩거는 노벨 물리학상을 수상했다.

나치의 탄압으로 미국으로 온 아인슈타인은 1933년 이후 프린스턴고등연구소에서 연구를 계속했고, 1948년 아인슈타인과 보어는 프린스턴고등연구소에서 함께 일했다.

최초로 그 한계를 실감한 사람들일 뿐이다.

눈앞에 보이는 나무의 잎사귀는 언제 떨어질까. 이전 세상에선 모든 것이 예측 가능했지만, 이제 세상은 불확정성으로 가득 찬 세계가 되고 말았다. 이 세계에 사는 우리는 결코 그 세계를 이해하지 못한다. 이것이 바로 치열했던 논쟁 끝에 우리 인간이 얻은 답이다.

아인슈타인은 코펜하겐 해석을 전혀 믿으려 하지 않았다. 이미 젊지 않은 아인슈타인은 새로운 세계가 도래한 것을 납득하지 못했다.

미래는 알 수 없다는 세계관과 인간이 불완전해서 관측하지 못할 뿐이라는 세계관, 지금까지 본적이 없었던 세계를 두고 두 개의 세계가 고집스럽게 부딪쳤다. 결국 두 세계의 반목과 대립이 미지의 세계로 가는 문을 열었다. 누구의 승리라고 손을 들어주기보다, 그 세계가 열리는 과정을 지켜보는 것은 흥미로운 일이다. 이제 그 작은 세계로 들어가 즐기는 건 우리의 몫이다.

Physics
of the
Light

6 빛과 끈

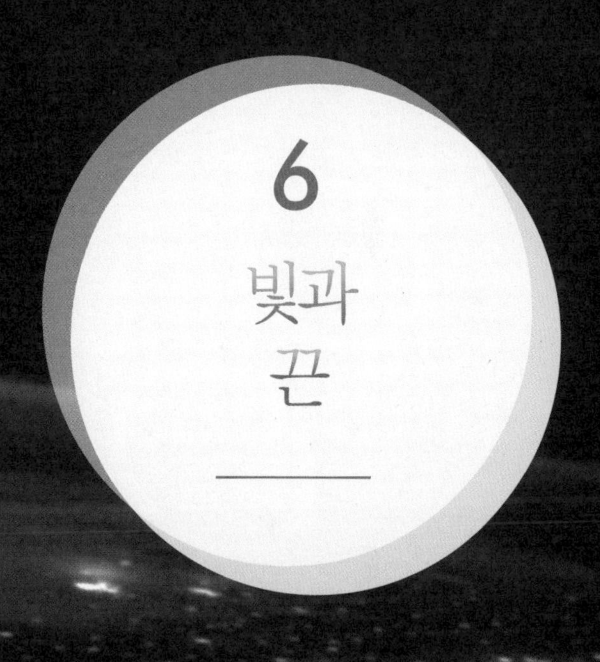

intro

시간을 거슬러 처음으로 간다면
거기엔 무엇이 기다리고 있을까.
우리는 빛을 따라 여행하고 있다.
1905년 베른의 특허국에서
물리학 논문을 읽곤 했던
아인슈타인을 만났고
그에게서 가장 큰 세계와
시간과 공간의 얘기를 들었다.
보어와 하이젠베르크가 있는 코펜하겐에도 갔다.
그들에게서 가장 작은 세계를 움직이는 법칙에 대해 들었다.
두 개의 세계는 왜 다른 걸까.
질문은 단순하다.

"M-이론은 유일무이할까?
우리가 이 질문에 **대답할 수 있다면,**
M-이론은 M-이론이 아닐 것이다."
– 스티븐 호킹

Episode 06

꿈이었을까. 평범한 물리학자 앨버트는 다락방에서 책을 찾던 중이었다. 다락방에는 고서들이 먼지와 함께 어지럽게 쌓여 있었다. 다락방이 이렇게 책들로 꽉 차게 된 것은 병적일 정도로 수집광이었던 앨버트의 취미 때문이었다. 앨버트는 고서를 얻기 전에는 미열에 들뜬 사람처럼 책을 구하기 위해 돌진하다가, 막상 손에 넣으면 언제 그랬냐는 듯이 마음이 시들해져버렸다. 며칠 전 앨버트는 아인슈타인의 책 『*Uber Die Spezielle Und Die Allgemeine Relativitatstheorie*』(1915)의 초판본 가운데 한 권의 책이 다른 책과 내용도 다르고 공식이 다르다는 소문을 들었다. '다락방에 있는 그 책이? 설마 그럴 리가.' 봄날의 미지근한 열기로 다락방의 공기는 후덥지근했고 앨버트의 얼굴은 금세 땀과 먼지로 얼룩졌다. 몇 시간 동안 먼지와의 사투 끝에 그는 찾고 있던 책을 발견했다. 책을 펴는 순간, 앨버트는 살짝 자신이

다른 세계로 옮겨진 듯한 느낌을 받았다. 책장을 넘기기 전에 있던 다락방과는 미묘하게 다른 다락방이었다. 그런데 어디가 어떻게 다른지 말로 표현하기는 힘들었다. 아인슈타인의 초판본은 다른 것들과 아주 미세하게 달랐다. 공식도 달랐다. 이것이 소문에서만 들었던 세계에서 단 하나밖에 없는 초판본이란 말인가! 이 책은 그 누구도 알지 못할 진리를 품고 있을 것이다! 앨버트의 머릿속은 마치 다른 세계의 아인슈타인을 만난 것처럼 환희로 가득찼다. 와르르르르, 툭! 위태롭게 쌓여 있던 책들에 몸을 기댔던 앨버트는 그 순간 균형을 잃고는 책더미 위로 넘어졌다. 다치진 않았다. 대신 살짝 자신이 다른 세계로 옮겨진 듯한 느낌이 들었다. 손에 들고 있던 책을 펼쳐보니, 다른 초판본과 똑같은 내용의 초판본이었다. 방금 전에 그가 보았던 것은 무엇이었을까.

아인슈타인이 살았던 미국 프린스턴 집.
지금으로선 그를 떠올릴만 한 것이 별로 없다.
다만 연구에 지친 그가 가끔 창밖을 내다봤으리라 짐작할 뿐이다.

프린스턴고등연구소.
아인슈타인은 이곳에서 통일장 이론을 완성시키고자 애썼다.

미국 뉴저지 주의 프린스턴은 미국 동부에 있는 작은 도시다. 1933년 아인슈타인은 이곳으로 왔다. 어쩌면 우리의 여정은 한 과학자의 일생을 따라가는 과정이 아니었을까. 나치를 피해 미국으로 건너온 아인슈타인은 1940년 미국 시민권을 취득했으며 프린스턴고등연구소의 연구원으로 여생을 보냈다. 집에서 연구실까지는 자전거로 15분 정도 걸렸다. 빛에 관한 또 하나의 이야기는 이곳에서 시작된다.

궁극의 이론을 찾아서

쉰 넷에 미국으로 건너 온 아인슈타인은 이미 구시대의 인물이 되어 있었다. 당시 학계는 양자역학이 대세였다. 학계의 흐름과 상관없이 그는 한 가지 연구에 몰두하고 있었다. 1929년부터 무려 30여 년 동안 붙잡고 있던 이론, 바로 통일장 이론이었다. 평생 아인슈타인은 신의 뜻이 담긴 우주의 원리를 하나의 아름다운 방정식으로 표현하고 싶어 했다. 아인슈타인에게 물리학은 신의 의지를 표현하는 인간의 언어였다.

궁극의 이론, 즉, 만물을 설명하는 단 하나의 이론이 과연 있을까? 어떤 명백한 근거도 없이, 오랫동안 물리학자들은 그런 것이 있을 것이라고 믿어왔다. 실제로 시도도 했다. 우

프린스턴고등연구소에 있는 아인슈타인 동상.

리가 관심을 가져야 할 첫 번째 인물은 아이작 뉴턴이다.

뉴턴은 왜 사과는 땅으로 떨어지는데 하늘의 큰 달은 땅으로 떨어지지 않는지 궁금해했다. 그런데 알고 보니, 달은 도는 게 아니었다. 직선으로 가고 있는데 지구가 잡아당기고 있었던 것이다. 달도 사과처럼 떨어지고 있었다. 뉴턴은 지구가 달을 잡아당기는 힘과 사과가 떨어지는 힘이 같다는 만유인력의 법칙을 수학으로 표현해낸다. 세상의 모든 질량이 있는 것은 서로 잡아당긴다! 그리고 이런 만유인력의 법칙으로 하늘에서 일어나는 운동과 땅에서 일어나는 운동은 하나가 된다.

뉴턴의 만유인력은 오랫동안 우주에서 일어나는 일을 설

명하는 원리가 됐다. 그러나 이 세상을 설명하는 궁극적인 이론, 그것은 모든 물리법칙을 매끈하게 설명할 수 있어야 했다. 아쉽게도 뉴턴은 중력이 왜 생기는지는 설명해내지 못했다.

스위스의 베른에서 머물던 스물일곱 살 무렵의 아인슈타인은 특수상대성이론을 발표한 후 고민에 빠졌다. 모든 것을 설명할 줄 알았던 자신의 이론에 중력이 통하지 않았기 때문이다. 당시에 떨어지는 건 당연히 뉴턴이 천명했던 것처럼 중력의 문제였다. 즉 아래에서 끌어당기는 힘이 있어서 떨어진다. 그런데 만일 갑자기 태양이 사라지면 어떻게 될까? 만유인력에 의해 태양을 중심으로 돌고 있는 지구는 어떻게 될까? 뉴턴에 따르면 지구는 눈 깜짝할 사이에 궤도를 이탈해버릴 것이다. 그러나 아인슈타인은 세상에서 가장 빠

뉴턴은 만유인력의 법칙으로 왜 지구가 달을 잡아당기는 힘과 사과가 떨어지는 힘이 같은지를 수학적으로 설명해냈다.

른 건 빛이기 때문에 '중력의 부재'가 빛보다 빨리 지구에 전달될 수는 없다고 생각했다. 또 중력의 세계는 가속도의 세계로, 등속도를 다루는 특수상대성이론과는 잘 맞지 않았다. 결국 아인슈타인은 중력을 포함시키는 새로운 이론을 만들어낸다. 바로 일반상대성이론이다.

질량을 가진 물체가 우주 공간에 존재하면 그 일대 공간은 휘어진다. 공간이 휘어지면 주변의 다른 물체들도 그 영향을 받는다. 별에서 방출된 빛도 휘어지면서 여행을 하게 된다. 뉴턴이 설명했던 중력은 바로 질량을 지닌 물체가 이 휘어진 공간을 따라 여행하는 것에 불과했다. 이렇게 중력과 특수상대성이론은 아인슈타인에 의해 하나가 되었다.

한동안 아인슈타인의 이론은 각광을 받았다. 그런데 곧 충돌이 생겼다. 이번엔 훨씬 복잡하고, 더 어려운 문제가 등장했다. 우주의 시간과 공간을 설명하는 아인슈타인의 일반상대성이론이 잘 들어맞지 않는 분야가 생긴 것이다. 자, 지금부터는 마음의 준비를 단단히 해야 한다.

4가지 기본 힘

아인슈타인의 아름다운 방정식이 통하지 않는 곳, 그곳은 너무도 작고 너무도 사소한 세계였다. 원자보다 작은 곳! 바

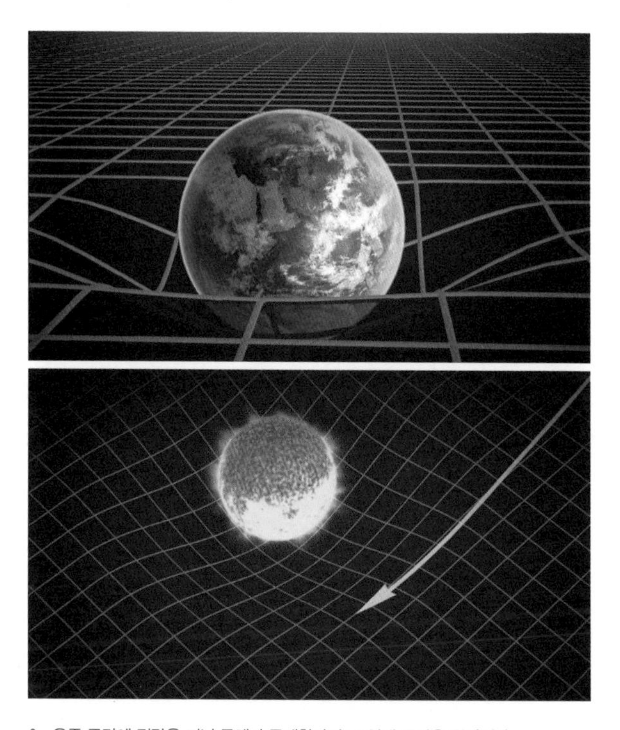

우주 공간에 질량을 지닌 물체가 존재한다면 그 일대 공간은 휘어진다.
아인슈타인은 일반상대성이론으로 이 사실을 입증했다.

로 에너지들이 덩어리로 정신없이 촐싹거리고 있는 양자의 세계다. 이곳에서 공간은 난장판이 된다. 위, 아래, 왼쪽, 오른쪽 개념이 없고 시간 개념도 모호하다. 게다가 매끄러운 세상에서 통하던 아인슈타인의 중력법칙도 통하지 않는다. 이 세계는 양자역학이라는 전혀 다른 법칙을 적용해야 하는 곳이다.

1920년대 유럽의 젊은 과학자들은 덴마크의 닐스보어연구소에서 양자역학을 연구했다. 이들은 작고 새로운 세계에 완전히 사로잡혀 있었다. 저마다 다른 상상을 했고, 그 다음 날이면 틀리다는 증거를 내놓았다. 그리고 그 다음 날이면 그 증거가 틀렸다는 증거가 나왔다.

그들을 흥분시킨 세계는 원자의 세계였다. 원자 안에는 원자핵이 단단히 자리 잡고 있었고, 주변엔 전자가 돌아다니고 있었다. 하지만 그 누구도 전자가 어디에 있는지 알 수가 없

양자역학의 산실, 닐스보어연구소.

원자보다 작은 곳인 양자의 세계는 위, 아래, 왼쪽, 오른쪽 개념이 없고 시간 개념도 모호한 곳이다.

었다. 여기 혹은 저기, 아니면 여기저기에 동시에 나타났다.

양자의 세계는 우리가 사는 이곳과는 완전 딴판인 곳이다. 물리법칙도 다르다. 물리학자들에겐 그것은 큰 문제였다. 정신없이 촐싹거리는 원자 내부에서 중력이 어떻게 작용하는지 도무지 알 수가 없었다. 코펜하겐학파를 이끌었던 보어와 하이젠베르크는 불확정성으로 가득 찬 양자의 세계를 설명하려고 해석을 시도한다.

큰 세계를 움직이는 법칙과 가장 작은 세계를 움직이는 법칙, 왜 이 두 개가 맞지 않는 걸까? 그것은 두 세계를 움직이는 힘이 다르기 때문이다. 복잡해 보이지만 기본 힘은 네 가지로 설명할 수 있다.

우리가 느끼지 않을 때도 우리 주변에는 힘이 있다. 그리고 힘에 의해 영향을 받는다.

첫 번째 힘은 중력이다. 만일 중력이 사라진다면 지구는 산산이 분해되고 우리 모두는 우주 공간에 내던져질 것이다.

두 번째 힘은 이 세상에 가득 차 있는 전자기력이다. 하늘의 별빛이 가득하듯 곳곳에 전자기력이 작용하고 있다. 이 전자기력이 없으면 세상은 해가 지자마자 칠흑처럼 어두워질 것이다. 1864년 영국의 물리학자 맥스웰이 완성한 전자기력은, 이동전화, 발전기, 모터와 인터넷까지 가능하게 만들어주는 힘이다. 우리 눈에 보이는 빛은 전자기파의 일종

지금까지 밝혀진 바에 따르면, 양자의 세계에 적용되는 물리법칙과
우리가 사는 세계에 적용되는 물리법칙은 다르다.

이다. 그후 이전에는 느낄 수 없었던 전혀 다른 종류의 힘들이 또 발견되었다. 그 힘은 원자의 세계에 존재하는 힘들이었다.

세 번째 힘은 원자핵 속의 양성자와 중성자를 단단히 결속시켜주는 강력이다. 강력이 없다면 원자핵은 당장 분해될 것이며 물체들도 모두 와해될 것이다. 이 세계가 단단히 유지되는 건 강력에 의해 핵자들이 안정된 결합을 하고 있기 때문이다.

네 번째 힘은 우라늄이나 코발트 같은 원소에서 방사능 붕괴를 일으키는 약력이다. 양성자와 중성자들을 한데 묶어놓

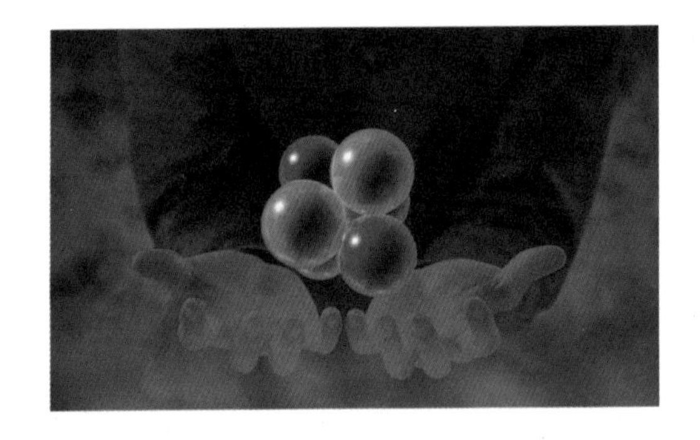

만물이론 혹은 궁극의 이론은 중력, 전자기력, 강력, 약력이라는 네 가지 기본 힘을 하나의 이론으로 설명하고자 하는 이론이다.

을 정도로 강하지 않기 때문에 핵자들이 떨어져 나가거나 붕괴되는 과정에만 관여한다. 약력의 작용으로 인해 핵 속의 양성자와 중성자의 결속이 깨지고 원자가 분리되면 히로시마에 떨어진 원자폭탄처럼 믿을 수 없는 파괴력이 분출된다.

궁극의 이론은 중력, 전자기력, 강력, 약력이라는 이 네 가지 힘을 하나의 이론으로 합치는 것을 목표로 하는 이론이다. 1960년대 중반, 약전자기이론(electroweak theory)으로 전자기력과 약력을 하나로 합칠 수 있다는 게 입증됐다. 1970년대 중반에는 전자기력과 약력, 강력, 이 세 가지 힘을 통일하는 이론, 즉 양자색역학(Quantum Chromodynamics, QCD)이 완성됐다. 그런데 중력만은 끝내 합쳐지지 않았다.

INTERVIEW

Q 왜 물리학자들은 이 네 가지 힘을 하나로 합치고 싶어 할까?

존 슈워츠 John Schwarz, 1941~ **교수 / 캘리포니아 공과대학**

"제가 왜 이것을 하느냐. 몰라요. 그냥 신념 같네요. 그러나 이것은 재미있기도 해요. 그리고 이것은 영원히 남을 인류 문화유산이기에 흥분되죠. 한 번 맞으면 맞는 거니까요."

레너드 서스킨드 Leonard Susskind, 1940~ **교수 / 스탠퍼드 대학**

"우리는 단순히 이 우주가 어떻게 돌아가는지 궁금해서 하는 거예요. 다른 이유는 없어요."

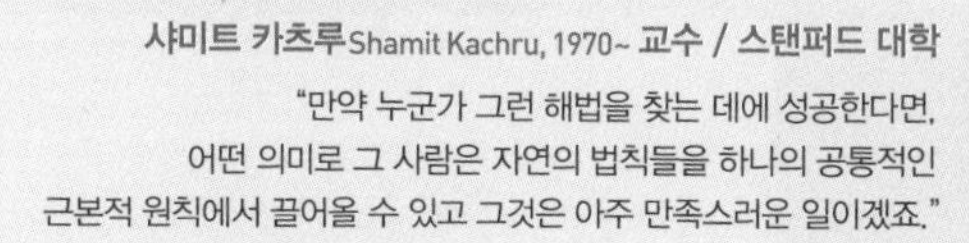

샤미트 카츠루 Shamit Kachru, 1970~ **교수 / 스탠퍼드 대학**

"만약 누군가 그런 해법을 찾는 데에 성공한다면, 어떤 의미로 그 사람은 자연의 법칙들을 하나의 공통적인 근본적 원칙에서 끌어올 수 있고 그것은 아주 만족스러운 일이겠죠."

에드워드 위튼 Edward Witten, 1951~ **교수 / 프린스턴고등연구소**

"서로 다른 입자들과 힘들은 같은 우주의 부분들입니다. 어떤 이론이 하나의 입자를 설명하고 또 다른 이론이 다른 입자를 설명한다는 것은 말이 안 돼요."

하나의 점이 폭발한다. 힘은 원래 하나였다.

첫 번째로 중력이 분리되었다.

두 번째로 강력이 분리되었다.

그 다음으로 전자기력과 약력이 분리되었다.

힘의 분리는 순식간에 이루어졌다.

그 후 137억 년이 흐르고 지금의 우주가 되었다.

양자역학과 중력의 충돌

우주는 원래 하나의 점에서 시작됐다. 빅뱅으로 인해 하나였던 힘은 네 종류로 분리되었다. 빅뱅 후 10^{-43}초 무렵 중력이 가장 먼저 분리되면서 우주 전역에 충격파를 발산했다. 10^{-34}초 후에는 인플레이션(급팽창)이 종료되었고, 두 번째로 강력이 분리되었다. 그 다음 전자기력과 약력이 분리되었다. 힘의 분리는 순식간에 이뤄졌다. 그리고 137억 년이 흘렀다.

하찮은 곤충부터 거대한 별에 이르기까지 모든 것을 움직이게 하는 힘, 이 네 가지 힘을 합하면 우주의 최초를 알 수 있지 않을까? 아인슈타인은 통일장 이론을 완성시킴으로써 이 우주가 생겨난 비밀을 캐고 싶었지만 실패하고 만다. 그건 불가능한 꿈처럼 보였다. 그러던 와중에 통일장 이론이 반드시 필요한 사건이 우주에서 발생했다.

블랙홀, 엄청난 중력을 가진 지역이 발견되었던 것이다. 어떤 물체가 블랙홀을 지나간다면 블랙홀의 중력이 너무 강하기 때문에 아무리 마음이 바뀌어도 다시 돌아가지 못한다. 가장 빠른 빛조차도 빠져나오지 못한다. 여기선 시공간이 뒤틀리고, 중력은 상상을 초월할 정도로 크다. 이 공간에서 물리법칙들은 대재앙에 빠지게 된다. 과학자들은 일반상대성이론을 적용해야 할지 양자역학을 적용해야 할지 혼란스러워 했다. 별과 블랙홀의 덩치를 생각하면 일반상대성이론을,

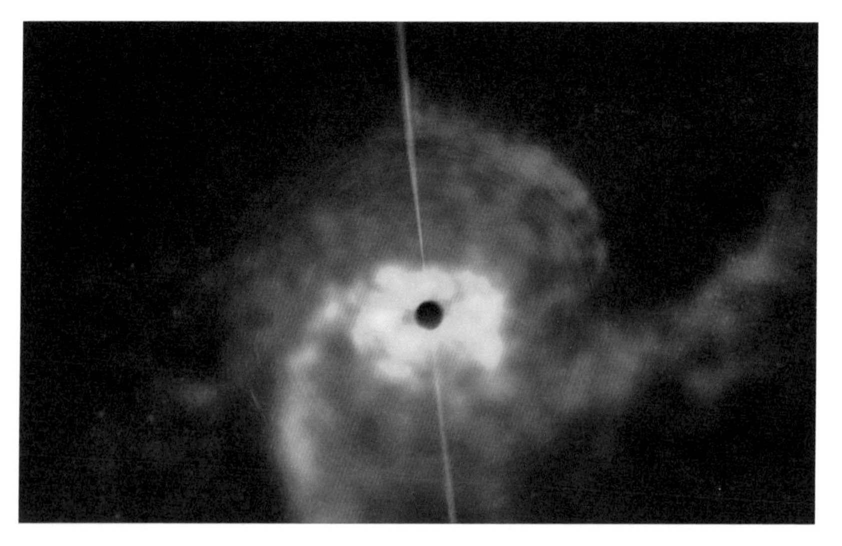

: 블랙홀은 세상에서 가장 빠른 빛조차도 빠져나오지 못할 정도로 중력이 강한 지역이다.

블랙홀 중심의 아주 작은 특이점을 생각하면 양자역학을 적용해야 할 것으로 보였기 때문이다.

1970년대 초 양자역학으로 블랙홀을 설명하려는 시도는 번번이 실패했다. 이로 인해 과학자들은 양자역학과 중력 사이에 아주 근본적인 충돌이 있다는 것을 인식하기 시작했다. 그리고 아인슈타인 이래로 휴업 중이던 통일장 이론이 다시 고개를 들게 되었다. 통일장 이론의 답은 아주 낯설고 이상한 데서 나오기 시작했다.

우주가 만들어진 최초의 시점

유럽의 여러 국가들이 공동으로 만든 유럽입자물리연구소(CERN)는 가장 작은 것을 찾기 위해 만든 지구 상에서 가장 큰 연구소다. 만약 CERN에서 최초의 한 점을 찾게 된다면, 양자역학과 중력 사이의 문제를 해결할 수 있게 될까?

CERN에서 이뤄지는 가장 중요한 일 중 하나가 빅뱅과 비슷한 환경을 인위적으로 만들어내는 것이다. 우리 우주가 생긴 최초의 그 시점을 보기 위해서다.

입자가속기는 터널을 따라 거대한 원을 그리며 움직인다. 입자가속기 내부에서 양성자는 거의 빛의 속도(광속의 99.999999%)까지 가속된 후 표적에 충돌한다. 가속된 양성자가 표적과 충돌하면 엄청난 양의 복사에너지가 방출되는데, 과학자들은 이때 튕겨 나오는 입자들 중에 새로운 것이 있는지 관찰한다. 양성자와 표적은 1초당 수십억 차례의 충돌을 일으킬 수 있는데, 충돌과 함께 튀어나온 분출물들은 주변을 에워싸고 있는 감지기에 흔적을 남기는 것이다.

1920년대엔 가장 작은 물질이 양성자, 중성자, 그리고 전자라고 생각했다. 1970년대에 이르자 쿼크라는 더 작은 물질이 발견됐다. 그리고 지금은 쿼크에 여섯 종류가 있다는 것을 알고 있다. 이후 전자와 성질이 비슷하면서 질량이 훨씬 큰 입자인 뮤온과 타우, 3종류의 뉴트리노(중성미자)까지, 12종류의 입자들이 발견됐다. 또 힘을 매개하는 입자인 글루온, 포톤(광자), $W^{\pm}$ 게이지 보존, Z^0 게이지 보존과 입자에 질량을 부여하는 힉스 입자가 있다. 우주에 존재하는 모든 만물들은 이 입자들의 조합으로 이뤄져 있다는 게 현재 물리학의 답변이다.

: 지금까지 발견된 6종의 쿼크와 6종의 렙톤(경입자)

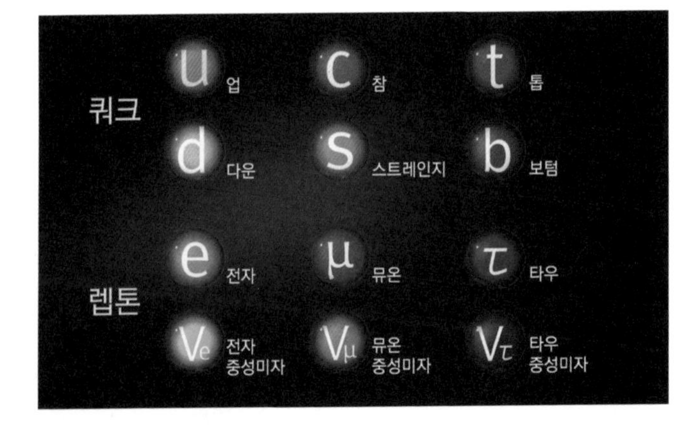

CERN의 롤프 호이어 소장

"[우리는] 이제 빅뱅(우주의 시초에 있었던 대폭발)이 일어나고 난 후 1백만의 제곱 분의 1초까지 거슬러 올라갔어요. 백만 곱하기 백만이니 일조 분의 1이죠. 그건 아주 가까운 거예요. 여전히 우주가 시작되었을 때보다는 시간이 많이 지난 후이기는 하지만요. 왜냐면 그 아주 짧은 시간 동안에 아주 많이 [우주가] 발달했거든요. 그렇지만 아무도 빅뱅에 그렇게 가까이 간 적이 없으니까 그 점이 상당히 매력적이죠."

지상 최대 규모의 유럽입자물리연구소는 최초의 우주를 관찰하기 위해 빅뱅과 비슷한 환경을 인위적으로 만들어내는 연구도 진행하고 있다.

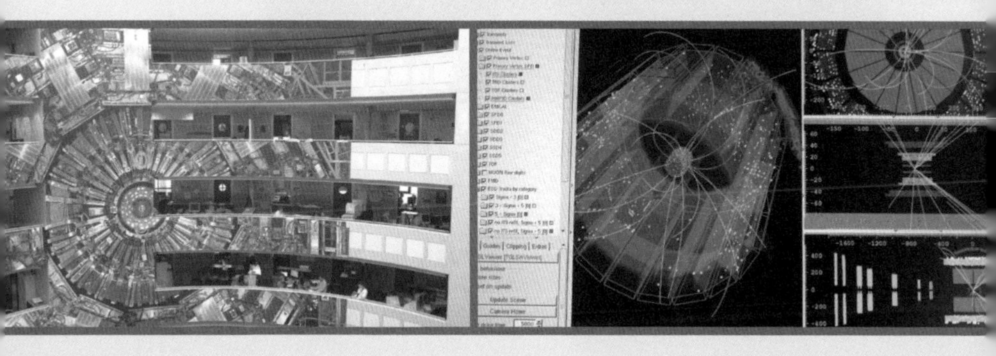

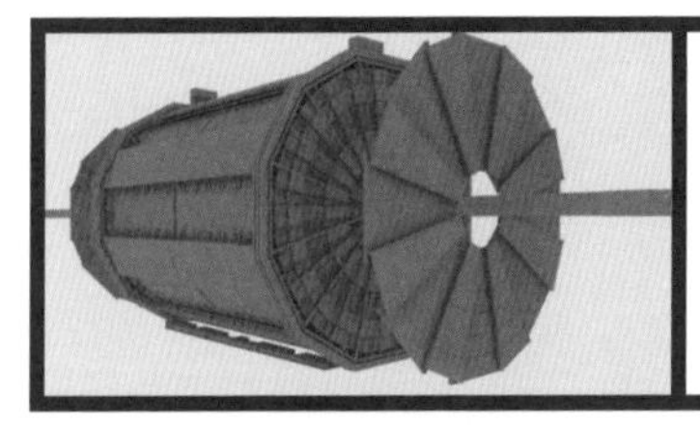

입자가속기 속의 양성자는
거대한 원을 그리고 움직인다.

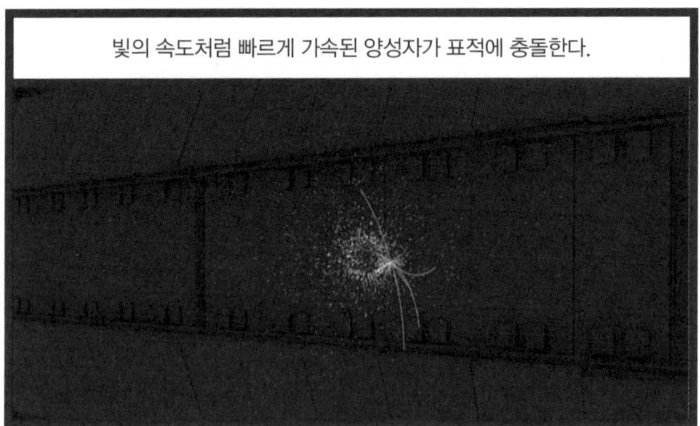

끈이론의 등장

그런데 여기서 끝이 아니다. 12종류의 입자라니, 좀 많지 않은가? 이 입자들을 만드는 어떤 작은 것이 있다는 이론이 등장했다. 그건 점이 아니라 끈이었다.

오랫동안 과학자들은 이 세상을 만드는 근본물질이 구형일 것이라고 생각해왔다. 실제로 양성자, 전자, 쿼크는 모두 구형이다. 그런데 끈은 구형이 아니다. 그 끈은 도대체 어떻게 생긴 걸까? 과학자들이 상상하는 끈의 모습은 다양하다. 열려 있는 것도 있고, 닫혀 있는 것도 있다.

끈이론은 모든 것을 설명할 수 있는 초강력 이론이다. 바이올린은 겨우 4개의 줄이지만 간단한 음부터 시작해 복잡한 음악까지 만들어낸다. 끈도 마찬가지다. 끈이론은 끈이 다양하게 진동해서 온 우주를 만든다고 주장한다. 그러나 이렇게 생겼든, 저렇게 생겼든 세상의 근본물질이 끈이라는 것을 증명하려면 우주에서 일어난 어떤 특별한 사건을 설명해야 한다.

아인슈타인의 일반상대성이론을 따라 시간을 거슬러가다 보면 우주가 만들어진 최초의 점 근처로 갈 수 있다. 우주가 생긴 지 10억 년, 은하와 별이 생긴 시점, 절대온도 3000K에서 원자가 탄생한 빅뱅 후 38만 년, 원자핵이 만들어진 빅뱅 후 3분, 강력이 분리되었던 빅뱅 후 10^{-34}초, 중력이 분리되었던 빅뱅 후 10^{-43}초, 그리고 우주가 생긴 바로 직후까지 가야 한다. 최초로 다가가면 다가갈수록 우주는 뜨겁고 작고 밀도가 높다. 그런데 더 이상은 가지 못한다. 방정식이 맞지 않고 모든 물리법칙이 통하지 않는다. 지금까지의 우주론이 풀 수 없는 유일하면서도 힘든 지점은 빅뱅이 시작되는 바로 그 순간이다. 그런데 어떻게 끈으로 이 모든 것을 설명해내고, 우주의 최초로 갈 수 있다는 것일까? 과연 누가 이런 생각을 했을까?

프랑스 파리의 콜레주 드 프랑스(프랑스 고등교육 및 연구기관)의 가브리엘레 베네치아노Gabriele Veneziano, 1942~ 교수는 끈이론의 신화를 만든 최초의 과학자다. 강력에 관한 방정식을 찾고 있던 그는 200년 된 오일러의 방정식에서 강력을 기술한 것 같은 식을 찾아냈다. 가브리엘레 베네치아노 교수가 찾아낸 강력에 관한 방정식은 실험 결과와 잘 들어맞았다. 그러나 그는 이유를 몰랐다. 그 방정식을 본 스탠퍼드 대학의 레너드 서스킨드 교수는 거기서 끈을 발견했다. 레너스 서스킨드는 처음에 입자를 기술하는 것이라고 생각했는데 단순한 입자가 아니라 진동하는 입자였다. 점이 아니라 끈이었다. 고무밴드처럼 신축성이 있어서 늘어나거나 줄어들고 좌우로도 움직였다. 거기서 끈이라는 개념이 탄생했다.

이처럼 처음에 끈이론은 강력을 설명하는 이론이었다. 그

INTERVIEW

Q 끈은 어떻게 생겼나요?

존 슈워츠 교수 / 캘리포니아 공과대학

"하나는 끈이 임의적이고 복잡한 모양을 갖는 고리를 가질 때고요. 끝점을 가지는 열린 끈들도 있습니다."

레너드 서스킨드 교수 / 스탠퍼드 대학

"끈을 그리는 건 상당히 실망스러울 거예요. 왜냐하면, 그건 그냥 끈 같아 보일 거거든요. 그런데 그렇게 생기지는 않았어요."

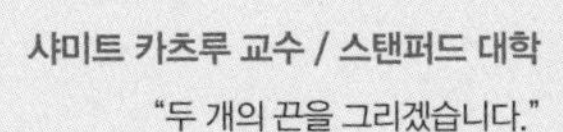

샤미트 카츠루 교수 / 스탠퍼드 대학

"두 개의 끈을 그리겠습니다."

에드워드 위튼 교수 / 프린스턴고등연구소

"기존 물리학 법칙들에 따라 전자를 상상해보겠습니다. 이 끈도 그릴 수 없는 양자 불확정성의 대상이라 그냥 정적인 상태로 가정해 그리겠습니다."

런데 이 이론에 문제가 생겼다. 강력과 상관없는 입자가 발견돼버렸던 것이다. 끈이론 과학자들은 그 입자를 없애보려고 노력했지만 잘 되지 않았다.

질량이 없는 광자는 빛의 속도로 움직인다. 끈이론을 전개하려면 강력 안에 질량이 없는 소립자가 발견돼선 안 된다. 뜨거운 양철냄비가 식어버리듯, 모두들 끈이론에서 시들해질 무렵, 단 한 사람만이 끈을 붙들고 놓지 않았다. 그는 캘리포니아 공과대학의 존 슈워츠 교수였다. 그는 강력을 설명하는 끈이론을 들여다보다가 거기에 엄청난 비밀이 숨어 있다는 것을 발견한다. 그는 질량이 없는 입자들 중 하나를 중력을 매개하는 입자로 해석했다. 중력을 매개하는 입자라니, 이것은 무엇일까?

기본 힘에는 4가지가 있다. 그런데 이 힘들은 아주 미세한 입자들에 의해 전달된다. 예를 들어 두 사람이 배드민턴을 치고 있을 때, 이들 중 한 사람을 양성자 안에 있는 쿼크라고 치고 다른 한 사람을 중성자 안에 있는 쿼크라고 친다면, 이 두 쿼크 사이에 힘을 전달해주는 입자가 있다는 얘기다. 이 비유에서 배드민턴 공은 두 개의 쿼크 사이에 힘을 전달하는 입자라고 할 수 있다.

과학적으로 완전히 규명된 매개 입자로는 세 종류가 있다. 강력을 전달하는 매개체는 글루온이라는 입자이고, 전자기

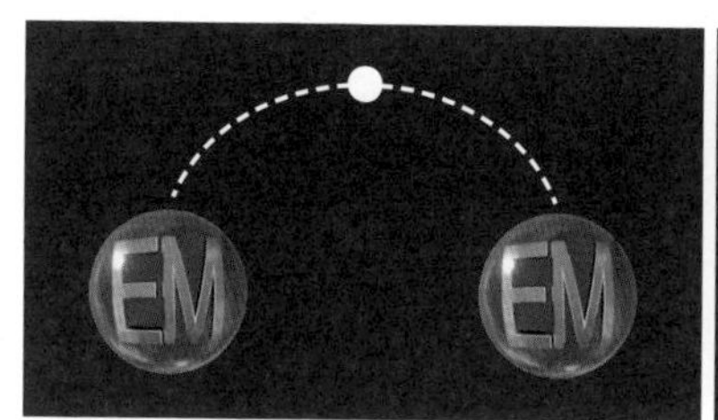

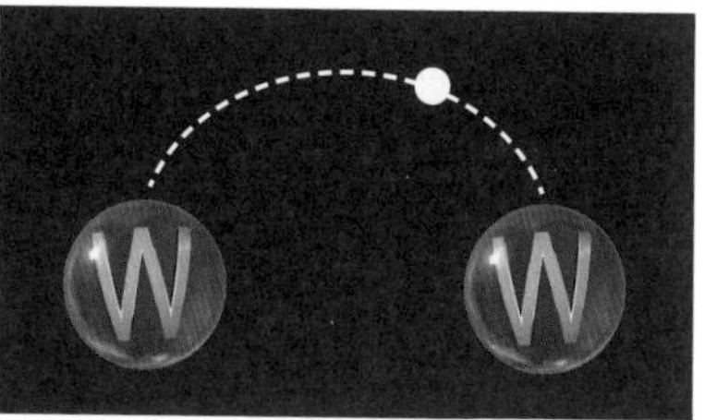

광자는 전자기력을 매개하며, $W^{\pm}$게이지 보존은 약력을 매개한다.

력을 매개하는 입자는 포톤(광자)이며, 약력을 전달하는 입자는 $W^{\pm}$와 Z^{0} 게이지 보존(gauge boson)이다. 다만 중력을 매개하는 입자만 아직 밝혀지지 않았다.

사람들은 중력을 전달해주는 입자가 있을 것이라 가정해서 중력자라는 이름까지 붙여놓았다. 그러나 실험에서 밝혀지지 않았기 때문에 가능하면 중력자를 이론에 포함시키지 않으려고 애를 썼다.

존 슈워츠는 끈이론이 그동안 엉뚱한 분야에 적용됐다는 것을 깨달았다. 그래서 그는 강력에 대한 이론으로 끈이론이 실패했다면 다른 목적으로 이용해보자는 쪽으로 방향을 틀었다. 강력을 설명하는 이론에서 걸림돌이 됐던 그 입자가 바로 중력자였던 것이다. 그러자 끈 이론은 만물이론으로 변했다. 이대로라면 끈이론이야말로 아인슈타인 이래로 양자역학과 일반상대성이론을 통일시키려던 통일장 이론의 답이었다.

이 끈은 얼마나 클까? 고리형 끈의 길이는 10^{-33}센티미터이다. 원자를 태양계만큼 키워도 끈은 나무 한 그루에 불과하다. 끈을 보는 것은 마치 책 속의 글자를 100억 광년 떨어진 거리에서 읽는 것과도 같다.

끈이론 학자들은 이 세상의 물질을 자르고 또 자르고 또 자를 때 만나게 되는 가장 작은 물질이 점이 아니라 끈이라고 설명한다. 끈이라는 건 길이를 갖는다는 것을 뜻한다. 길이는 공간을 차지한다. 사실 세상이 점으로 만들어질 필연적인 이유는 없다. 가능성은 무한하다. 이론적으로 점으로 설명하는 이론이 가장 간단하고, 자연을 잘 설명해주는 것처럼 보이지만 말이다.

점이라면 무한히 계속 잘라나갈 수 있기 때문에 양자가 요동치는 아주 작은 공간에 적용을 시켜야 하지만, 끈은 길이가 있기 때문에 점보다는 크고 좀 조용한 공간에 적용이 된다. 가장 작은 물질이 점이 아니라 끈인 공간에서는 중력도 해결할 수 있다. 양자역학과 상대성이론을 통일할 수 있다는 얘기다.

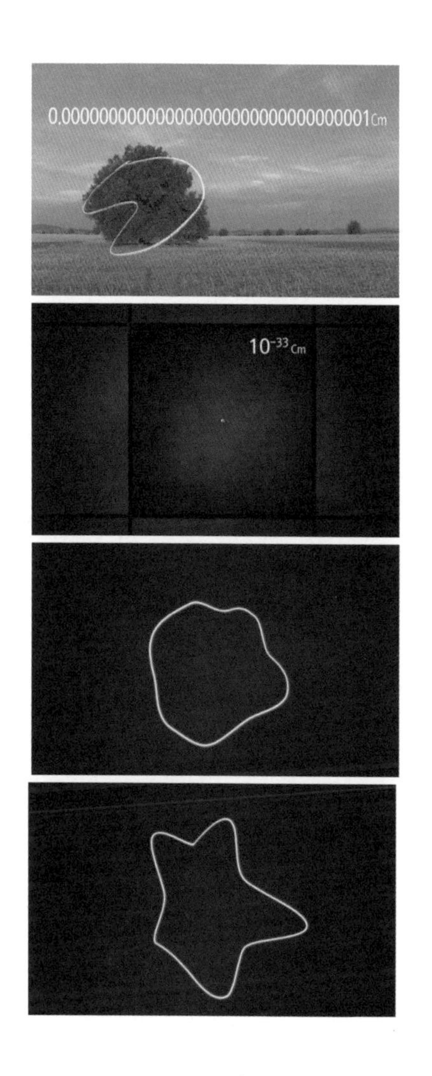

원자를 태양계만큼 키워도 끈의 크기는 나무 한 그루의 크기에 불과할 정도록 작다. 끈이론 학자들은 $10^{-33}cm$의 길이를 갖는 끈은 다양한 모양을 만들어가며 진동한다고 말한다.

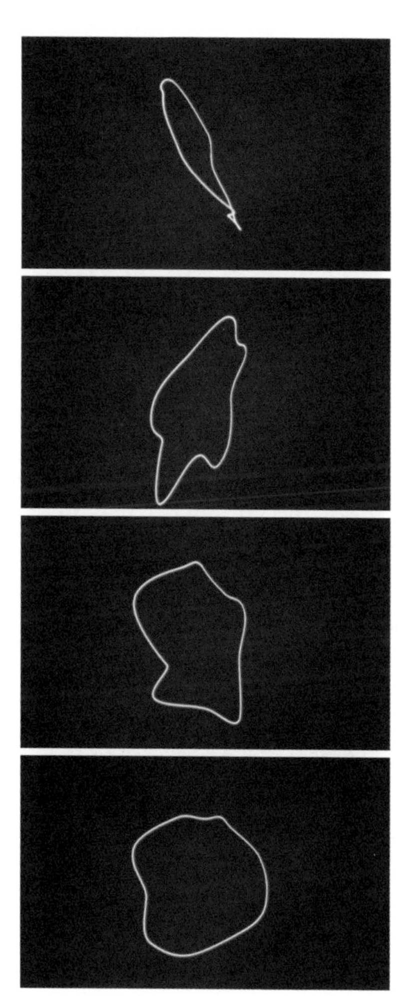

끈이론은 만물이론이 될 수 있을까?

사실 끈이론은 음악의 원리를 닮았다. 기타 줄은 전체 길이가 반파장의 정수배가 된다는 조건을 유지하면서 다양한 형태로 진동한다. 끈이론의 끈 역시 미세한 공간상에서 마루와 골이 딱 맞아떨어지는 파형을 유지하면서 공명진동을 한다. 모든 물질과 힘은 이 끈이 진동하면서 만들어진다. 진동 패턴이 달라지면서 다양한 입자가 된다. 다만 끈의 음색이 다르기 때문에 서로 다른 입자로 보인다. 물질을 이루는 모든 소립자들과 힘을 전달하는 모든 매개입자들은 특정한 진동패턴을 자신의 신분증처럼 간직하고 있다. 예를 들면 줄이 한 번 진동하면 전자가 뉴트리노로 바뀌고, 또 한 번 줄이 진동하면 쿼크가 되는 식이다. 즉 모든 입자들은 동일한 끈이 다양한 패턴으로 진동하면서 나타난 결과다. 끈은 분리되거나 합쳐진다. 이것이 바로 끈이론이다.

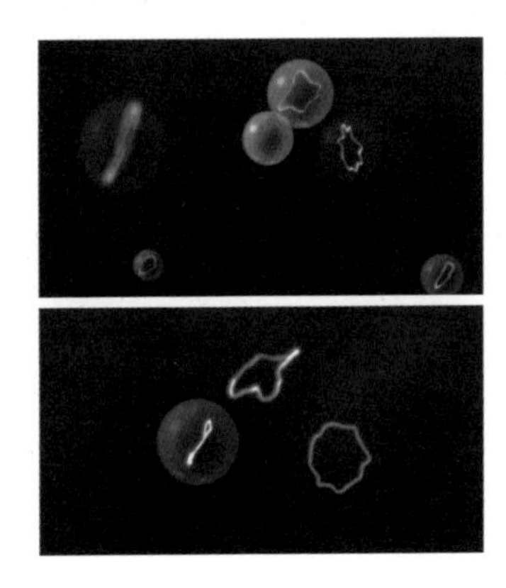

끈이론에 의하면, 모든 입자들은 동일한 끈이 다양한 패턴으로 진동함에 따라 생긴 결과다.

INTERVIEW

Q 왜 끈이론인가?

가브리엘레 베네치아노 교수 / 콜레주 드 프랑스

"끈이론을 발견한 것은 우연이 아닙니다.
강력을 연구하면서 실제적이며 현상학적인 방법과
이러한 힘을 위한 모형을 만드는 것을 알게 되었고
우리는 끈이론이라고 불리는 결론에 도달하게 되었죠."

존 슈워츠 교수 / 캘리포니아 공과대학

"저와 제 프랑스인 동료 조엘 셔크가
끈이론을 버리지 않았던 이유는 강력을
설명하기에 좋지 않은
이 질량 없는 입자들 중 하나가
중력의 매개 입자로 해석된다면
꽤 말이 된다는 것을 깨달았기 때문입니다."

레너드 서스킨드 교수 / 스탠퍼드 대학

"이 모든 입자들이 이 고무줄같이 행동한다는
매우 좋은 증거가 있었어요. 당시에 많은 실험적인
증거가 있었어요. 왜 그럴까? 당시의 우리는
몰랐어요. 그러나 수학이 그 방향으로 이끌었고,
그것이 끈이론의 첫 기원이었죠."

하나의 음들이 모여 아름다운 음악이 된다. 과연 이 우주는 초끈이 만들어낸 교향곡일까? 그런데 만물을 설명할 수 있을 것 같은 이 끈 이론에 문제가 생긴다. 양자역학과 일반상대성이론을 통일할 가능성이 가장 큰 끈이론이 무려 다섯 개나 된다는 것이다. 다섯 개라니! 세상을 설명할 수 있는 법칙은 단순하고 우아해야 하며, 그리고 하나여야 했다. 출구는 어디에 있는 것일까? 그리고 끈은 어디에 있는 것일까?

위기에 봉착한 끈이론

끈이론은 위기에 처했다. 끈이론이 위기에서 벗어날 수 있는 출구는 어디에 있을까?

초끈이론의 제1인자로 꼽히는 에드워드 위튼 프린스턴고등연구소 교수는 끈이론을 설명하기 위해선 여분의 차원을 도입해야 한다고 언급한다.

끈을 찾으려면 먼저 차원을 이해해야 한다. 우리의 시공간은 공간 3차원이며, 거기에 시간을 넣으면 4차원이다. 끈이론에 따르면 여분의 차원이 6개 있다. 그러니까 우리가 사는 시공간은 10차원이다. 10차원이라니, 이건 도무지 상상이 되지 않는 이야기가 아닌가? 이 차원들은 도대체 어디에 있다는 것인가? 위튼 교수는 비유를 들어 다음과 같이 말한다.

INTERVIEW

Q 초끈이론의 기본 성질은?

이기명 교수 / 고등과학원

"끈이 열려 있거나 닫혀 있는 끈들이 있는데 그것들이 굉장히 빨리 움직이거든요. 그 움직이는 것들이 어떻게 움직이느냐에 따라서 소리가 달라지듯이 이것도 입자로 나타난다고 생각을 하는 거예요. 그러니까 끈이라는 게 굉장히 작고, 그래서 실은 관측은 안 되지만 끈이론 자체는 모든 입자가 끈으로 만들어졌다고 가정하는 거죠."

이필진 교수 / 고등과학원

"초끈이론 안에는 초끈 이외의 다른 물체들이 다양하게 존재합니다. D-브레인이 대표적인 경우인데, 이들로 인하여 초끈이론이 처음 생각했던 것보다 훨씬 다양한 현상을 내포하고 있고, 또한 이 물체들의 성질을 통하여 11차원 시공간에 미지의 M-이론이 존재한다는 것도 알게 되었습니다.

초끈이론의 가장 중요한 결과물을 꼽으라면 초대칭과 10차원 시공간입니다. 특히 초끈이론은, 우리가 인지하는 4차원의 자연법칙들이 숨겨진 나머지 6차원 공간의 수학적 성질에 의하여 대부분 좌우된다는 것을 말해주는데, 최근에는 이로 인하여 다중우주(multiverse)의 가능성도 제기되고 있습니다."

"정원용 호스를 멀리에서 보면 그것은 1차원처럼 보이겠지만 가까이 가서 자세히 살펴보면, 원통의 폭이 보인다. 그리고 더 가까이 가면 재료의 두께가 보인다. 그러니까 가까이 다가갈수록 많은 차원이 보이는 것이다."

멀리서 보면 호스는 하나의 선이다. 숨겨진 차원을 보려면 더 가까이 가야 한다. 가까이 가면 호스에 개미가 기어다니는 것을 볼 수도 있다. 개미는 호스 둘레를 넘어가기도 한다. 개미의 모습에서 우리는 호스에 둘레가 있다는 것을 깨닫게 된다. 선인 줄 알았는데 둘레가 있다는 것을 아는 것은 숨겨진 차원을 발견하는 것과 같다.

끈이론은 여분의 차원이 모든 점에 존재한다고 말한다. 증명하기 어렵지만, 너무 작아서 관측도 안 되는 초미세 영역에 숨어 있는 차원이 있을 수 있다. 말도 안 되게 작은 영역에 다양한 생명들이 살고 있을지도 모른다. 그러나 어쨌거나

에드워드 위튼 프린스턴고등연구소 교수는 과연 끈이 어디 있는지 알고 있을까? 이 물음에 그는 "여분의 차원은 있다고 가정할 따름이다. 끈이론을 간단하게나마 설명하기 위해서는 여분의 차원을 도입해야 한다"라고 답했다.

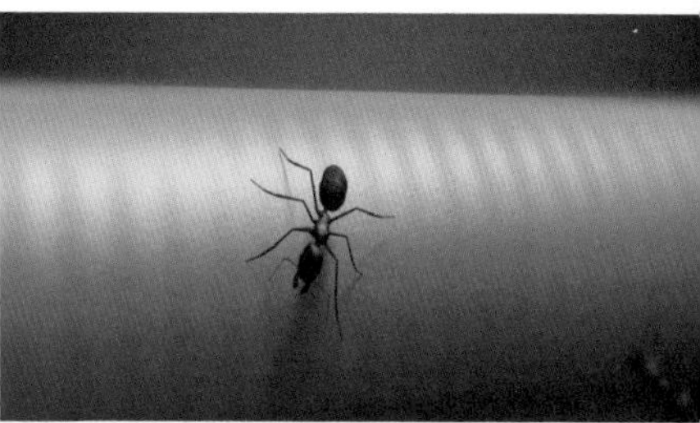

정원용 호스는 멀리서 보면 1차원 선이지만 가까이 다가가면 다가갈수록 3차원으로 보인다.
숨겨진 차원을 보려면 더 가까이 가야 한다.

아직 여분의 차원은 발견되지 않았고, 어쩌면 그것은 우리 눈에 보이지 않는 차원일 수도 있다.

3차원에 시간을 더하면 4차원, 거기에 숨어 있는 6차원까지 모두 합치면 10차원이다. 나머지 6개의 차원은 너무나 작은 곳에 숨어 있기 때문에 볼 수가 없다. 빅뱅이라는 거대한 사건을 겪으면서 6개의 차원은 아주 작은 영역 속으로 말려 들어가고 지금처럼 4차원의 시공간만 보이게 되었다. 잘 실감이 나지 않는 이야기일 것이다. 거기다가 10차원의 끈이론이 무려 5개나 된다. 세상을 설명하는 만물이론이 이렇게 복잡해야 할까? 당연히 물리학자들도 이런 생각을 했다.

그러니까 5개의 끈이론 중 하나의 이론이 우리의 세계를 설명한다면, 나머지 4개의 끈이론에서 말하는 세계는 어떻게 설명해야 되는지에 대한 의문이 남게 된다.

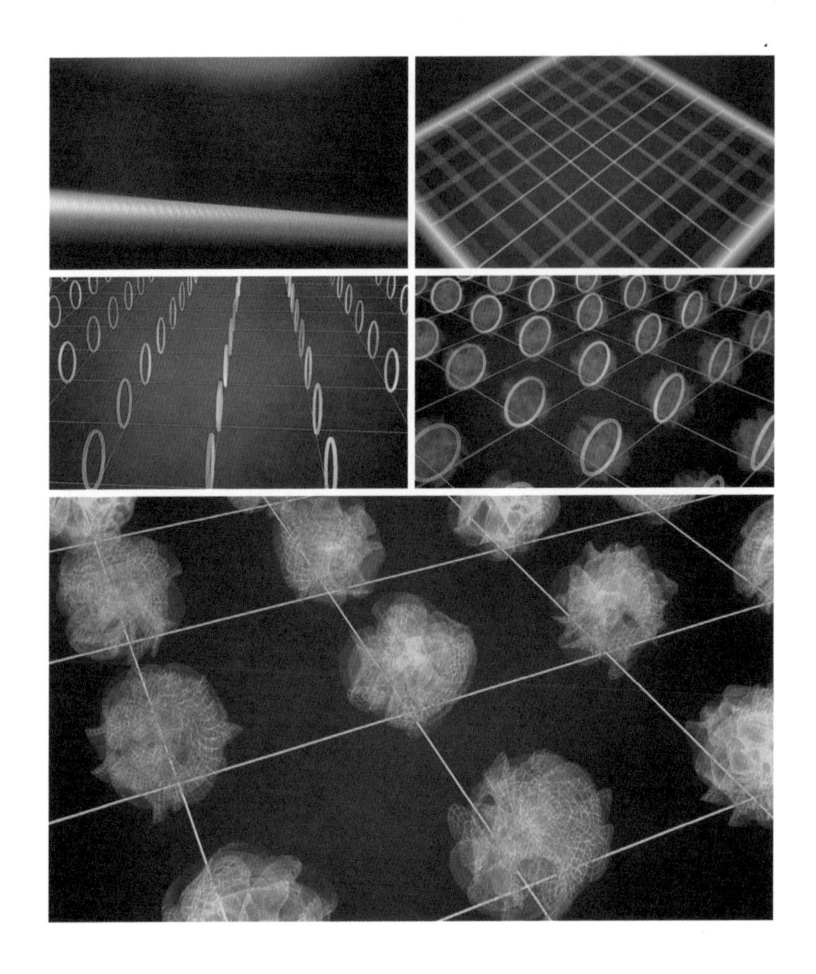

위튼은 이 문제를 10차원에서 차원 하나를 더 추가시키는 방법으로 간단히 해결한다. 위튼은 5개의 끈이론이 사실 하나의 더 큰 이론에 포함되며, 그것들은 5개의 한정된 사례라고 생각했다.

11차원과 M-이론

한 차원 높은 11차원에서 보니 문제가 아주 단순했다. 5개가 아니라 하나였던 것이다. 2차원 위에 있는 개미는 자신이 어디의 일부에 있는지 모르지만 우리는 개미가 어디 있는지 안다. 11차원의 관점에서 10차원을 내려다보는 것도 이와 마찬가지였다. 다섯 개의 끈이론들은 한 이론이 갖고 있는 5개의 단면에 불과했다. 이로써 끈이론은 아주 다른 이론이 되어버렸다. 우주의 모든 물질이 거대한 막 구조에 연결되어 있다는 놀라운 결론! 이렇게 M-이론이 등장했다.

막(Membrane), 마술(Magic), 신비(Mystery), 행렬(Matrix)……. 끈이론은 M-이론으로 바뀌었으며, 여기서의 M은 세상의 모든 M이었다. M-이론은 11차원의 끈이론에 대해 잘 알지 못하기 때문에 붙여진 이름이기도 하다.

M-이론의 M이 막(Membrane)을 뜻하는 이유는 무엇일까? 이는 1차원의 열린 끈이 끝나는 지점이 바로 2차원의 막이

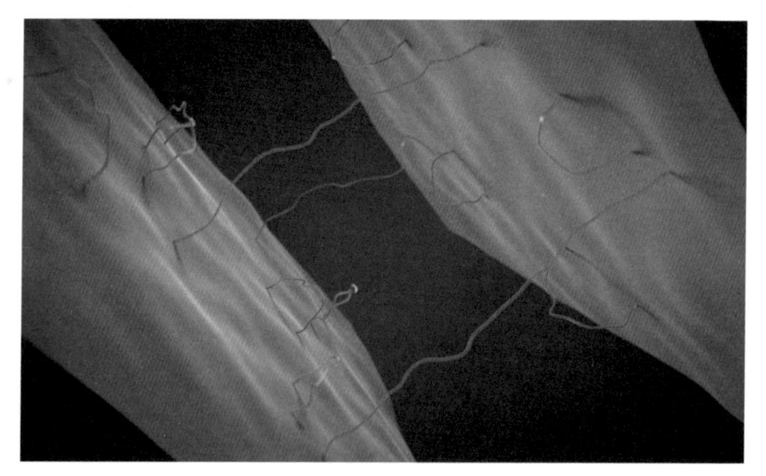

1차원의 열린 끈이 막에 붙기도 하고, 막에서 끈이 생기기도 한다.

라고 볼 수 있기 때문이다. 끈이 막에 붙어 어떤 현상을 만들기도 하고, 이 막에서 끈이 생기기도 한다. 막은 3차원이 되기도 한다.

다중우주는 존재할까?

일부 끈이론 학자들은 우리의 우주가 거대한 막들의 충돌로 탄생했다고 주장한다. 빅뱅이 두 개의 막이 충돌함에 따라 시작됐다는 것이다. 대표적인 가설로, 막들이 주기적으로 멀어졌다가 가까워졌다가 하다가 서로 부딪혀 그 충돌로 새

INTERVIEW

Q M-이론이 막이론으로 불리는 이유는 무엇일까?

안창림 교수 / 이화여자대학교

"1차원의, 열린 끈이 있다면 이것들의 끝점은 어딘가 이렇게 붙어 있어야 해요. 2차원 면에. 그래서 그런 걸 막이라고 합니다. 우리 우주는 어떤 특정한 법칙이 지배하고 있단 말이에요. 뉴턴 상수는 얼마고, 전하는 얼마고, 지구가 있고, 우리 사람이나 생명체도 존재하고……. (우리는) 이런 우주에서 살고 있는 거란 말이에요. 그렇지만 초끈이론이 가능하다고 하는 것들 중에서 꼭 그런 것만이 있다기보다는 그렇지 않은 것들이 더 많습니다. 예를 들어서 거기에는 광속이 무한대인 것도 있을 수 있는 겁니다."

샤미트 카츠루 교수 / 스탠퍼드 대학

"막 자체의 모양에 대한 가능성에 관해선, 가장 간단한 것은 끝없이 펼쳐진 종이 한 장입니다. 그러니까 이 칠판 같은 평면이 완벽히 편평하게 공간 전체에 펼쳐져 있는 거죠. 공간의 차원이 세 개가 아니라 네 개인 세상에서는 세 개의 공간 차원과 시간을 가진 세 개의 막과 두 개의 공간 차원과 하나의 시간을 가지는 막들을 상상해볼 수 있습니다."

에드워드 위튼 교수 / 프린스턴고등연구소

"다른 이론에 대한 증거가 있는 것은 매혹적인 일입니다. 여태껏 흥미로운 경쟁적 이론이 제기될 때마다, 그것은 늘 끈이론의 일면인 것으로 드러났죠."

존 슈워츠 교수 / 캘리포니아 공과대학

"다른 은하계에는 같은 질문을 가지고 고민하는 지능체가 있을 거예요. 그리고 궁극적으로 그들은 같은 답을 얻게 되겠죠."

로운 우주가 탄생한다는 '주기적 다중우주론'이 있다. 또 다르게, 스탠퍼드 대학의 레너드 서스킨드 교수는 저마다의 우주상수를 지닌 수많은 우주들이 존재할 수 있다는 사실을 수학적으로 보여주고자 했다. 이런 서스킨드 교수의 가설은 '경관 다중우주론'이라고 불리는데, 마치 경관(혹은 풍경)을 이루듯이 10^{500}개의 가능한 우주 상태가 존재한다는 내용을 포함하고 있기 때문이다.

과연 우리의 우주는 유일할까? 우리가 결코 알 수 없는 다른 우주가 존재한다는 것은 무엇을 뜻하는 것일까? 다른 우주는 전혀 다른 물리 법칙이 적용되는 우주일까? 막의 존재는 빅뱅이 일어나기 이전에도 시간이 있었다는 것을 말해주는 것은 아닐까?

결국 끈이론이 우리를 데려가는 곳은 우주가 시작된 그 순간이다. 일반상대성이론과 양자역학이 만나는 곳, 그리고 그 너머까지 데려간다. 빅뱅 이전에는 과연 무엇이 있었을까?

M이론에 따르면, 우주는 거대한 막이다. 거대한 막에 4차원 우주도 있고 7차원 우주도 있고 죽은 우주도 있고 여러 가지 우주가 있다. 그리고 아인슈타인이 아직 살아 있는 우주도 있다. 우리는 그중 하나의 막에 살고 있다.

그런데 정말 끈 하나가 이 세상을 만들었을까? 우리는 아직 조심스럽다. 빛을 좇았던 여정은 하나의 질문을 남겼다.

저쪽 어딘가에 우리와 비슷하지만 우리가 결코 알 수 없는 평행우주가 과연 존재할까?
평행우주는 가능성이 있는 모든 일이 일어나는 곳이다.

©Courtesy of the Archives, California Institute of Technology

우주와 나를 만든 최초의 그것은 과연 끈일까?
우주의 원리를 하나의 아름다운 방정식으로
표현하고 싶어 했던 아인슈타인은 어떻게 생각했을까?

이 세상을 설명하는 단 하나의 법칙, '궁극의 이론이란 무엇인가'. 아직도 많은 사람들이 그 질문을 향해 달려가고 있다. 그 답을 찾는다면 우리는 빛에 관한 모든 것을 알게 될까. 아인슈타인에게 말을 걸 수 있다면, 그에게 묻고 싶다. 우주와 나를 만든 최초의 그것이 과연 끈인지! 아마도, 그는 알고 있지 않을까.

감사의 말

EBS 다큐프라임 〈빛의 물리학〉이 세상에 나오기까지 실로 많은 분들의 도움이 필요했다. 책임자문을 맡아주신 홍성욱 서울대학교 교수, 프레젠터를 맡아주신 안무가 정영두 선생께 깊은 감사를 드린다.

임종태 서울대학교 교수, 김창영 연세대학교 교수, 박인규 서울시립대학교 교수, 이기명 고등과학원 교수, 이필진 고등과학원 교수, 안창림 이화여자대학교 교수, 조진호 민족사관고등학교 교사, 안정용 한성과학고등학교 교사, 데이비드 J. 그로스 캘리포니아 대학 산타바버라 카블리이론물리연구소 교수, 에드워드 위튼 프린스턴고등연구소 교수, 존 슈워츠 캘리포니아 공과대학 교수, 레너드 서스킨드 스탠퍼드 대학 교수, 샤미츠 카츠루 스탠퍼드 대학 교수, 가브리엘레 베네치아노 콜레주 드 프랑스 교수, 롤프 호이어 CERN 소장, 키스 무어 영국왕립학회 도서관장, 닐스보어연구소의 얀 톰슨 박사의 전문가적 의견과 실질적인 조언은 큰 도움이 되었다. 이 자리를 빌려 진심으로 감사의 말씀을 전하고 싶다.

이 책의 추천사를 써주신 이기진 서강대학교 교수, 끈이론 부분의 원고를 미리 읽어보고 조언해주신 박병철 대진대학교 교수, 기꺼이 다큐멘터리에 출연해주신 연극배우 남명렬 선생께도 깊은 감사를 드린다.

한국물리학회, 한국 고등과학원, 기초기술연구회, 스위스 베른 주정부 사무국, 유럽입자물리연구소 CERN, 로마국립중앙도서관, 아인슈타인 하우스, 스핑크스 연구소, 뮤온입자연구소, 현대자동차, National Trust, Swiss HFSJG, 스위스 베른 관광청, 이탈리아 하원 도서관, Swiss Haus Der Kantone, 케이스웨스턴 리저브 대학, NASA, 파도바 대학, The Royal Society of London, 닐스보어연구소, 코펜하겐 대학, 맨체스터 대학, 케임브리지 몬드연구소, 캐번디시연구소, 서울월드컵경기장, 수원 KBS드라마제작센터, 신사제과제빵학원, The Bread, 프린스턴 대학, 영국 Curious Science, 영국 School Museum, 영국 Epping Ongar Railway, 에밀 자크뱅 고등학교, 캘리포니아 공과대학, 스탠퍼드 대학, 국제도량형국, 파리천문대 등에서 보여준 선의와 협조 덕분에, 현장에서 맞닥뜨리게 되는 여러 가지 문제들에도 불구하고 항상 좋은 해결책을 찾을 수 있었다.

〈빛의 물리학〉과 관련해 도움을 아끼지 않았던 스카이픽스 김상구 대표, 서호주관광청 김연경 이사, 레드불코리아 공성식 차장, 하종욱 님, 문지호 님께는 다시 한 번 감사의 말을 전하고 싶다.

참고문헌

갈릴레오 갈릴레이, 『그래도 지구는 돈다』(상), 이무현 역, 교우사, 1997

———, 『그래도 지구는 돈다』(하), 이무현 역, 교우사, 1997

———, 앨버트 반 헬덴, 『갈릴레오가 들려주는 별 이야기(시데레우스 눈치우스)』, 장헌영 역, 승산, 2009

곽영직, 『전기와 자기』, 동녘, 2008

구스타프 보른, 『아인슈타인 보른 서한집』, 박인순 역, 범양사, 2007

닐 디그래스 타이슨, 『우주 교향곡1』, 박병철 역, 승산, 2008

———, 『우주 교향곡2』, 박병철 역, 승산, 2008

데이비드 보더니스, 『$E=mc^2$』, 김민희 역, 생각의 나무, 2001

레너드 서스킨드, 『우주의 풍경』, 김낙우 역, 사이언스북스, 2011

로버트 P. 크리즈, 『세상에서 가장 아름다운 실험 열 가지』, 지호, 2006

루이자 길더, 『얽힘의 시대』, 노태복 역, 부키, 2012

리언 M. 레더먼, 크리스토퍼 T. 힐, 『시인을 위한 양자물리학』, 전대호 역, 승산, 2013

미치오 카쿠, 『불가능은 없다』, 박병철, 김영사, 2010

———, 『평행우주』, 박병철 역, 김영사, 2006

바버라 러벳 클라인, 『새로운 물리를 찾아서』, 차동우 역, 전파과학사, 1993

박민아, 김영식, 『프리즘 : 역사로 과학 읽기』, 서울대학교출판부, 2007

베르너 하이젠베르크, 『부분과 전체』, 김용준 역, 지식산업사, 2005

———, 『하이젠베르크의 물리학과 철학』, 구승회 역, 온누리, 2011

브라이언 그린, 『멀티 유니버스』, 박병철 역, 김영사, 2012

———, 『엘러건트 유니버스』, 박병철 역, 승산, 2002

———, 『우주의 구조』, 박병철 역, 승산, 2005

송은영, 『아인슈타인의 생각 실험실』 1·2, 부키, 2010

아이작 뉴턴, 『프린키피아』, 이무현 역, 교우사, 1998

아인슈타인, 『상대성 이론/나의 인생관』, 최규남 역, 동서문화사, 2008
아인슈타인, 인펠트, 『아인슈타인이 직접 쓴 물리이야기』, 지동섭 역, 한울, 2006
오철우, 『갈릴레오의 두 우주 체계에 관한 대화, 태양계의 그림을 새로 그리다』, 사계절, 2009
위르켄 네페, 『안녕, 아인슈타인』, 염정용 역, 사회평론, 2005
조앤 베이커, 『물리와 함께하는 50일』, 김명남 역, 북로드, 2010
조진호, 『어메이징 그래비티』, 궁리, 2012
칼 세이건, 『코스모스』, 홍승수 역, 사이언스북스, 2010
토머스 S. 쿤, 『과학혁명의 구조』(개정판), 김명자, 홍성욱 역, 까치, 2013
피터 하만, 『에너지, 힘, 물질』, 김동원·김재영 역, 성우, 2000
홍성욱·이상욱 외, 『뉴턴과 아인슈타인, 우리가 몰랐던 천재들의 창조성』, 창작과 비평사, 2004
홍성욱, 『그림으로 보는 과학의 숨은 역사』, 책세상, 2012

빛의 물리학

1판 1쇄 2014년 5월 20일
1판 15쇄 2023년 9월 8일

기획 EBS 미디어
지은이 EBS 다큐프라임 〈빛의 물리학〉 제작팀
감수 홍성욱
펴낸이 김정순
편집 허영수 김소희
디자인 김수진
마케팅 이보민 양혜림

펴낸곳 (주)북하우스 퍼블리셔스
출판등록 1997년 9월 23일 제406-2003-055호
주소 04043 서울시 마포구 양화로 12길 16-9(서교동 북앤빌딩)

전자우편 henamu@hotmail.com
홈페이지 www.bookhouse.co.kr
전화번호 02-3144-3123
팩스 02-3144-3121

ISBN 978-89-5605-743-9 03420